高等学校教材

C语言程序设计
实验教程

○ 主　编　洪留荣　高向军
○ 副主编　宋万干　邱述威

中国教育出版传媒集团
高等教育出版社·北京

内容提要

　　本书是安徽省"十四五"普通高等教育规划教材《C语言程序设计基础》（葛方振、洪留荣主编）的配套实验教程，强调动手能力在C语言教学中的重要性，通过一系列的实验和配套的练习题，来提高学生的编程技能及实践能力。本书遵循由浅入深的原则，确保学习过程循序渐进；关注知识点之间的相互联系与融合，提升学生的基础理论知识和算法思维；通过简化处理复杂问题并融入实验题目，提高学生解决复杂问题的能力。

　　本书实验指导部分采用先基础后实例的方式，共设计了12个实验，每个实验包含：实验学时、实验目的、预习要求、实验内容、实验注意事项和思考题6个部分。参考全国计算机等级考试大纲，本书还编排了配套的练习题，并且几乎为所有的题目都提供了详尽的答案和解析。

　　本书使用Visual Studio 2010 Express作为实验平台，介绍了程序调试的方法和技巧，深入讲解了C语言的执行流程和语法规则，为学生学习数据结构、操作系统和嵌入式系统开发等高级课程打下基础。

　　本书可作为高等学校各专业"C语言程序设计"课程的教学参考书和计算机等级考试的参考书。

图书在版编目（CIP）数据

　　C语言程序设计实验教程 / 洪留荣，高向军主编；宋万干，邱述威副主编. -- 北京：高等教育出版社，2025. 7. -- ISBN 978-7-04-064017-5

　　Ⅰ. TP312.8

中国国家版本馆CIP数据核字第2025AZ3967号

C Yuyan Chengxu Sheji Shiyan Jiaocheng

策划编辑	武林晓	责任编辑	武林晓	特约编辑	李成都	封面设计	张申申
版式设计	杨　树	责任绘图	杨伟露	责任校对	吕红颖	责任印制	耿　轩

出版发行	高等教育出版社	网　　址	http://www.hep.edu.cn
社　　址	北京市西城区德外大街4号		http://www.hep.com.cn
邮政编码	100120	网上订购	http://www.hepmall.com.cn
印　　刷	鸿博昊天科技有限公司		http://www.hepmall.com
开　　本	787mm×1092mm　1/16		http://www.hepmall.cn
印　　张	13.5		
字　　数	330千字	版　　次	2025年7月第1版
购书热线	010-58581118	印　　次	2025年7月第1次印刷
咨询电话	400-810-0598	定　　价	37.00元

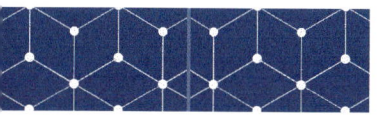

新形态教材网使用说明

**C 语言
程序设计
实验教程**

主　编　洪留荣　高向军
副主编　宋万干　邱述威

1　计算机访问https://abooks.hep.com.cn/1852183或手机微信扫描下方
二维码进入新形态教材网。

2　注册并登录后，计算机端进入"个人中心"，单击"绑定防伪码"，输入图书封
底防伪码（20位密码，刮开涂层可见），完成课程绑定；或手机端单击"扫
码"按钮，使用"扫码绑图书"功能，完成课程绑定。

3　在"个人中心"→"我的学习"或"我的图书"中选择本书，开始学习。

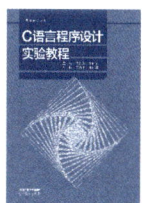

C 语言程序设计实验教程

作者 主　编　洪留荣　高向军　副主编　宋万干　邱述威
出版单位 高等教育出版社

开始学习　　收藏

　　受硬件限制，部分内容可能无法在手机端显示，请按照提示通过计算机访
问学习。

　　如有使用问题，请直接在页面单击答疑图标进行咨询。

https://abooks.hep.com.cn/1852183

前　言

本书作为《C 语言程序设计基础》(葛方振、洪留荣主编)的辅助教材,旨在补充和扩展主教材的内容。在 C 语言的教学过程中,上机实验是一个不可或缺的部分,它对学生的实践技能培养至关重要。通过完成若干实验,学生能够提高其实际操作能力。本书以 Visual Studio 2010 Express 作为实验平台,不仅着重介绍程序调试技巧,还强调对 C 语言程序执行流程和语法规则的深入理解,这将为学生在未来学习数据结构、操作系统以及嵌入式系统开发等高级课程打下坚实的基础。

本书内容组织层次分明,遵循由浅入深的原则,确保学习过程循序渐进。同时,注重内容的可读性和可操作性,使读者易于理解和应用。在 C 语言程序设计的教学中,特别强调实践环节的重要性。在编写本书时,我们着重考虑了实验教学内容的系统性与完整性,并关注知识点之间的相互联系与融合。此外,我们致力于提升学生的基础理论知识和算法思维。为了让学生能够更好地应对后续课程中的挑战,书中将一些复杂问题进行了简化处理,并将其融入实验题目中,旨在提高学生解决复杂问题的能力。

本书通过先基础后实例的方式,循序渐进地引导学生做好各章的实验。根据主教材内容,共选取了 12 个实验。每个实验内容结构包括 6 个部分:① 实验学时;② 实验目的;③ 预习要求;④ 实验内容;⑤ 实验注意事项;⑥ 思考题。其中思考题属于扩展应用部分,学生可以根据自己的情况选择完成。另外书中每一个实验所列学时数均为建议的课堂学时数,可以根据实际需求选择题目。书中最后为每章列出了练习题,供教师和同学参考使用,书中最后附有练习题答案,且大部分有解题解析。

编者建议在做实验之前,学生先做好实验预习;实验中,学生准备好相关代码,实验课中以调试和讨论为主,根据实验指导中的内容进行验证与总结;实验结束后,及时提交实验报告。

本书的实验一到实验十二由洪留荣编写,练习题由高向军编写,练习题答案的第 1 ～ 7 章、第 8 ～ 12 章分别由宋万干、邱述威编写。

本书得到安徽省高等学校省级质量工程项目"计算机应用教学团队"(编号:2021jxtd256)、2023 年校级教材建设项目"C 语言程序设计基础(微课版)"资助,并获批 2023 年"省级规划教材"。

由于时间仓促和水平有限,书中难免存在一些不妥之处,敬请读者批评指正(作者邮箱:840849139@qq.com)。

编　者
2024 年 3 月

目　录

実验题参考代码

一、实验学时

2 学时

二、实验目的

(1) 掌握在 Visual Studio 2010 Express 环境如何编辑、编译和运行 C 源程序。
(2) 掌握 C 语言的各种数据类型以及整型、字符型、实型变量的定义。
(3) 掌握 C 语言中有关算术运算符及表达式的使用。

三、预习要求

Visual Studio 2010 Express 是微软提供的一款免费的集成开发环境(IDE),专为初学者、学生和业余爱好者设计。这个轻量级版本的 Visual Studio 提供了基本的开发工具和功能,支持多种编程语言,包括 C 、C++、C# 和 VB.NET。它适合进行小到中型项目的开发,拥有友好的界面和必要的调试工具。虽然缺少某些专业版 Visual Studio 的高级功能,但 VS 2010 Express 仍然是一个强大且易于使用的工具。

预习时,要熟悉 C 程序的书写规则、上机调试步骤;熟悉 C 语言的数据类型;熟悉 C 语言表达式的构成、运算规则等内容。

四、实验内容

1. 创建一个新的文件夹

为了方便管理自己的 C 语言程序,在启动 VS 2010 Express 集成开发环境前,首先在 D 盘创建一个新的文件夹,以便存放自己的 C 语言代码文件。例如 D:\C_Program。

2. 启动 VS 2010 Express 集成开发环境

(1) 在“开始”菜单中,打开 VS 2010 Express,在菜单栏中选择“文件”→“新建”→“项目”,如图 1-1 所示。

或直接按 Ctrl+Shift+N 组合键,会弹出下面的对话框,如图 1-2 所示。

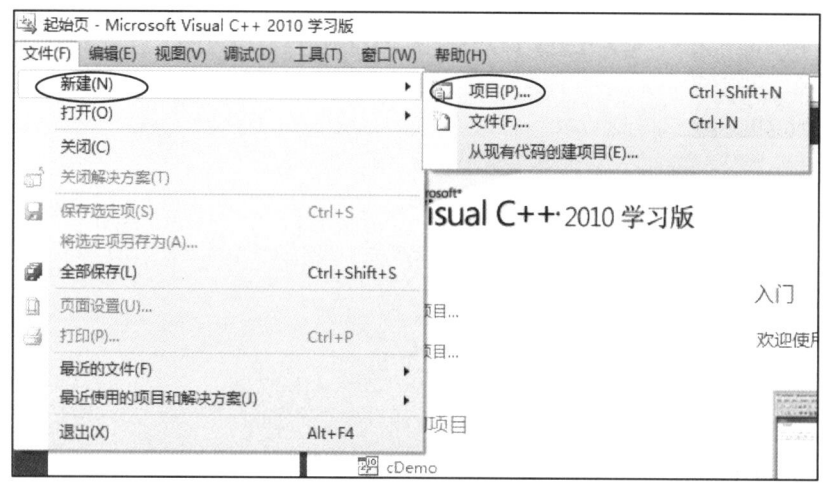

图 1-1　新建项目

图 1-2　"新建项目"对话框

（2）选择"Win32 控制台应用程序"，填写好项目名称，选择好存储路径，单击"确定"按钮即可。如果安装的是英文版的 VS 2010，那么对应的项目类型是"Win32 Console Application"。另外还要注意，项目名称和存储路径最好不要包含中文。单击"确定"按钮后会弹出应用程序向导对话框，如图 1-3 所示。

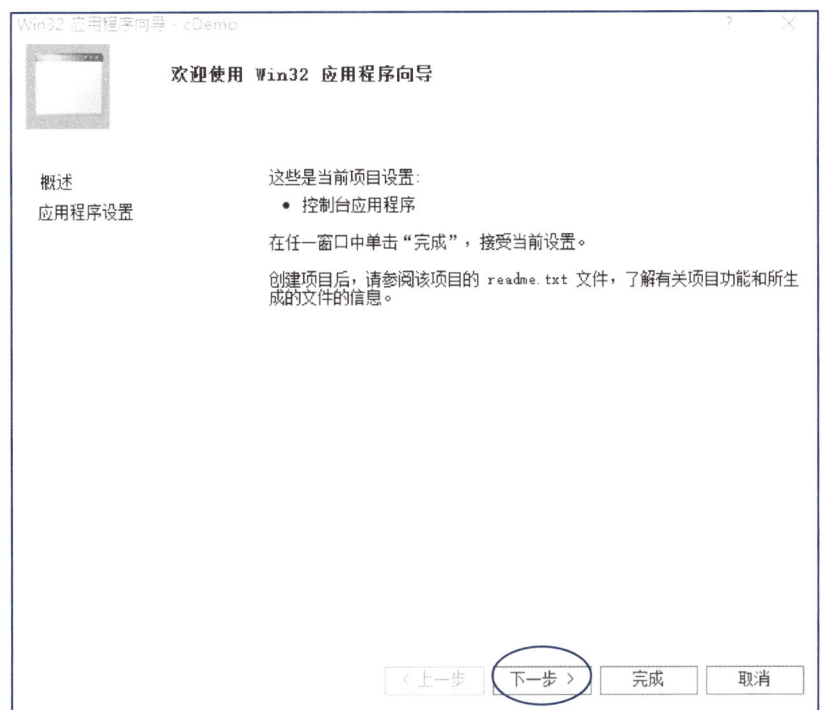

图 1-3　应用程序向导对话框

(3) 单击"下一步"按钮，弹出应用程序设置对话框，如图 1-4 所示。

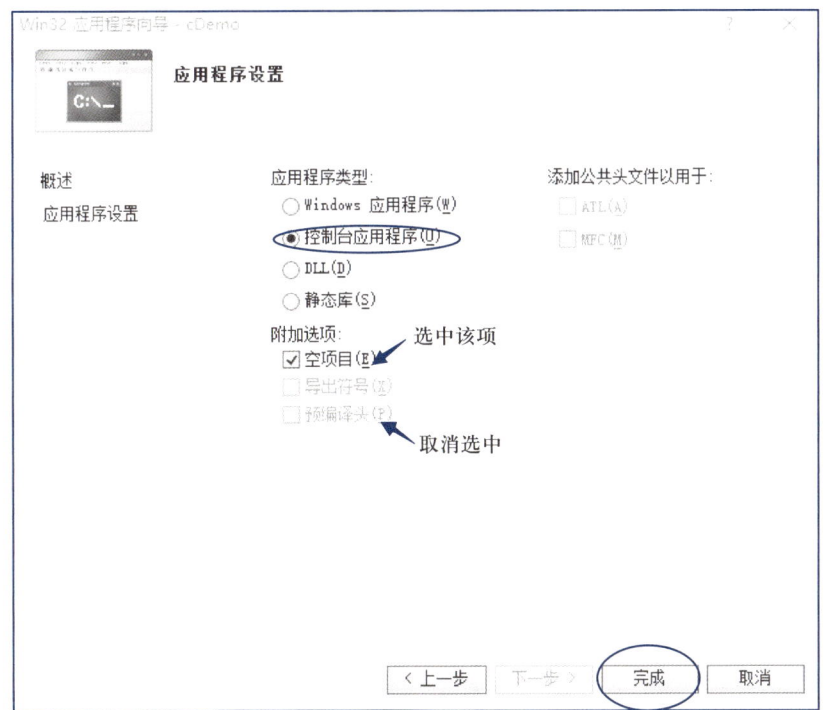

图 1-4　应用程序设置对话框

先取消选中"预编译头"复选框,再选中"空项目"复选框,然后单击"完成"按钮就创建了一个新的项目。此时打开 D:\C_program 目录,会发现多了一个 cDemo 文件夹,这就是整个项目所在的文件夹。

3. 添加源文件

在"源文件"处右击,在弹出菜单中选择"添加"→"新建项"命令,如图 1-5 所示。

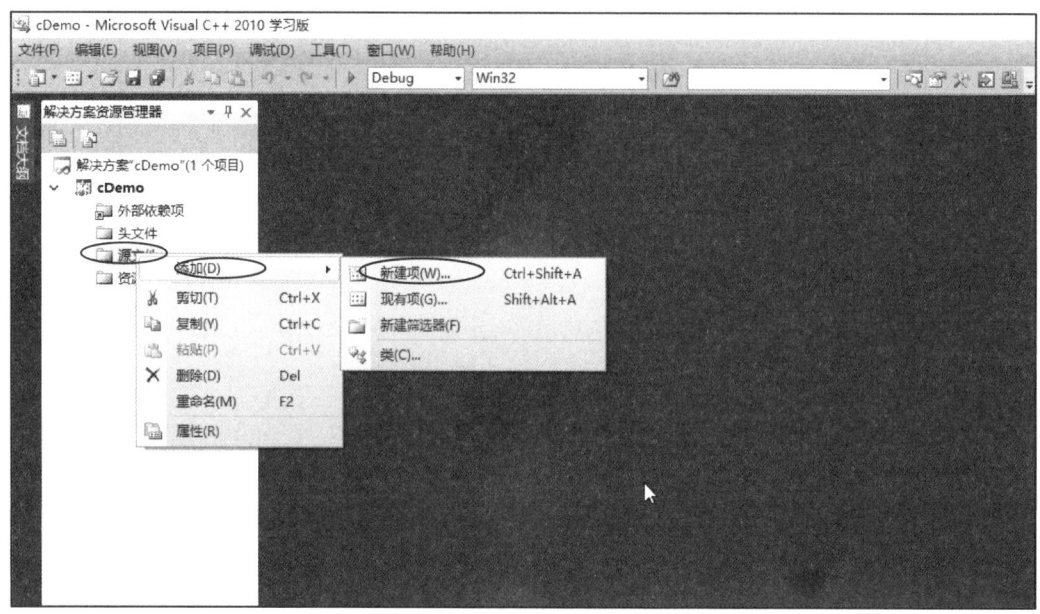

图 1-5   添加新建项

或者按 Ctrl+Shift+A 组合键,都会弹出添加源文件对话框,如图 1-6 所示。

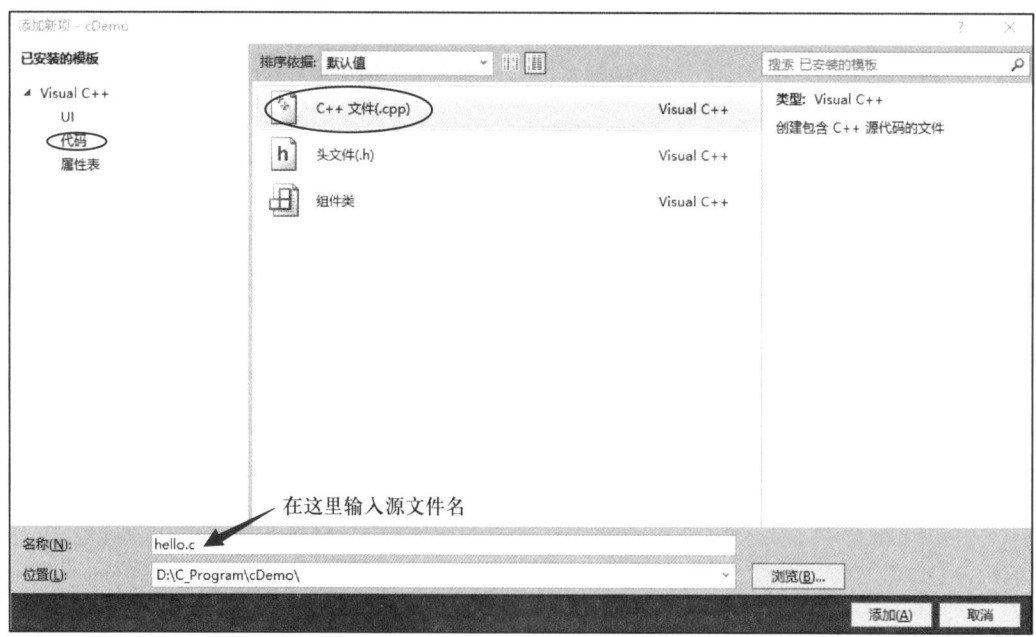

图 1-6   添加源文件对话框

　　单击"代码"分类,选择"C++ 文件 (.cpp)",输入文件名称,单击"添加"按钮就添加了一个新的源文件。

　　这里要注意的是,cpp 文件 C++ 语言,它是在 C 语言的基础上进行的扩展,C++ 已经包含了 C 语言的所有内容,所以大部分的 IDE 只有创建 C++ 文件的选项,没有创建 C 语言文件的选项。但是这并不影响使用,在填写源文件名称时把扩展名 cpp 改为 c 即可,编译器会根据源文件的后缀来判断代码的种类。在图 1-6 中,将源文件命名为 hello.c。

4. 编写代码并生成可执行文件

　　(1) 打开 hello.c,将代码输入到 hello.c 中,如图 1-7 所示是输入完成以后的效果。请坚持手动输入,第一次输入代码可能会有各种各样的错误,只有在纠正错误的过程中才会进步。

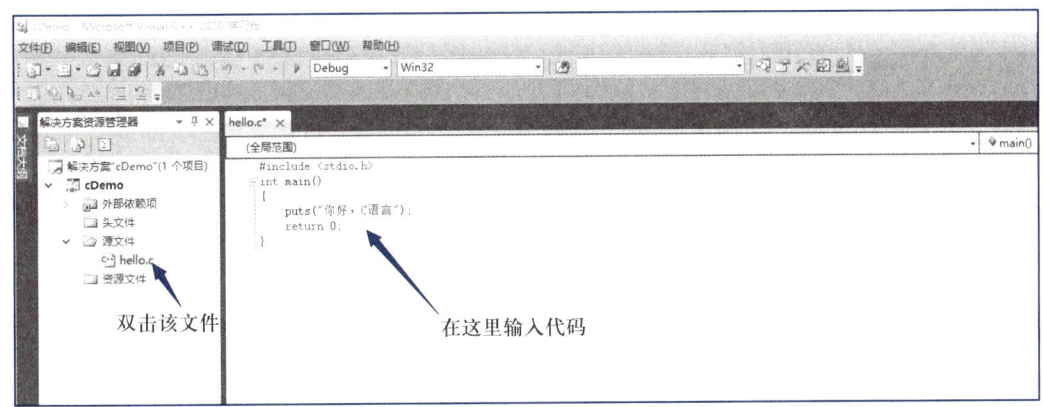

图 1-7　添加源代码

　　(2) 生成可执行文件。在菜单栏中单击"调试"→"生成解决方案"命令,就可生成 hello.c 源文件的可执行文件,如图 1-8 所示。

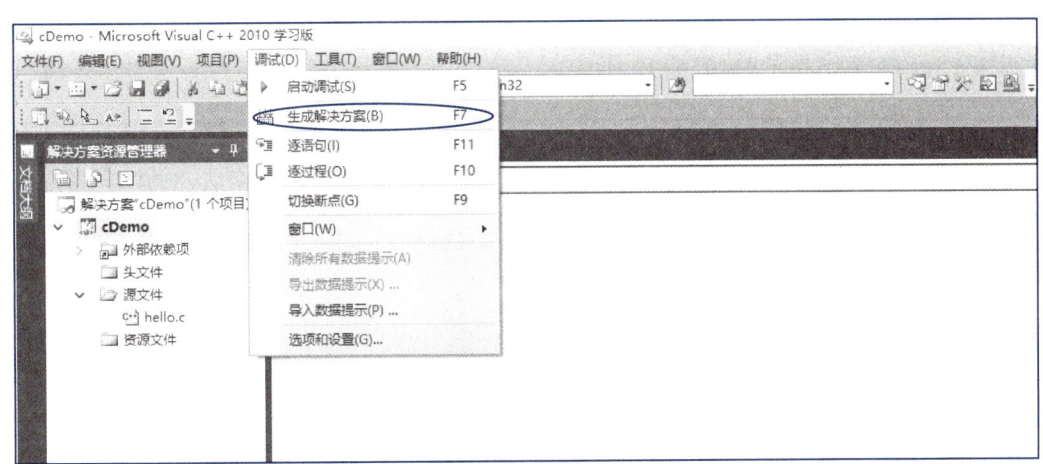

图 1-8　生成可执行文件

或者直接按 Ctrl+F7 组合键,功能一样且更加便捷。代码如果没有错误,会在"输出"窗口中看到编译成功的提示,如图 1-9 所示。

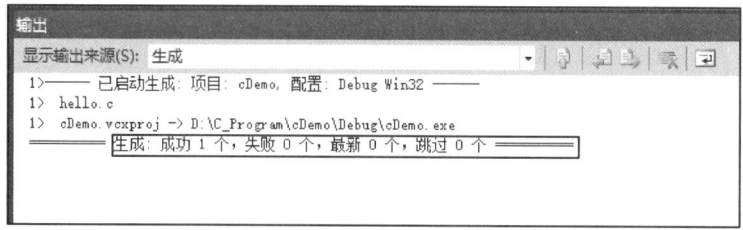

图 1-9　"输出"对话框

此时打开项目目录(这里是 D:\C_program\cDemo\)下的 Debug 文件夹,会看到一个名为 cDemo.exe 的文件,这就是最终生成的可执行文件。

双击 cDemo.exe 运行,并没有输出"你好,C 语言"几个字,而是会看到一个黑色窗口一闪而过。这是因为程序输出"你好,C 语言"后就运行结束了,窗口会自动关闭,时间非常短暂,所以看不到输出结果,只能看到一个"黑影"。

对上面的代码稍加修改,让程序输出"你好,C 语言"后暂停下来。

```c
#include <stdio.h>
#include <stdlib.h>
int main()
{
    puts(" 你好,C 语言 ");
    system("pause");
    return 0;
}
```

system("pause"); 语句的作用就是让程序暂停一下。注意代码开头部分还添加了 #include <stdlib.h> 语句,否则 system("pause"); 无效。再次生成解决方案,运行生成的 cDemo.exe,终于如愿以偿,看到输出结果了,如图 1-10 所示。

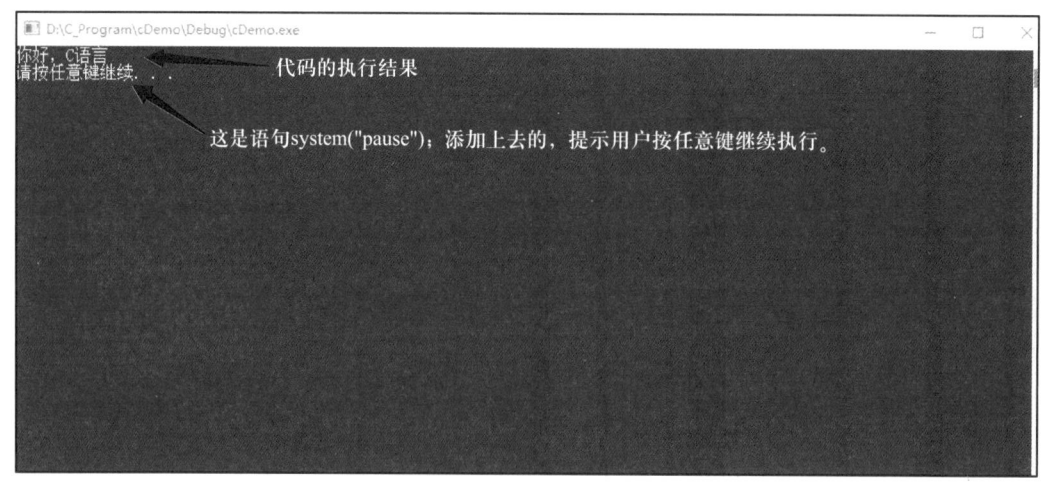

图 1-10　运行 exe 文件效果图

（3）输入错误情况分析。如图 1-11 所示，当输入代码存在错误时，不能够正确生成可执行文件，编译运行不通过，系统会给出如图 1-12 所示的信息。

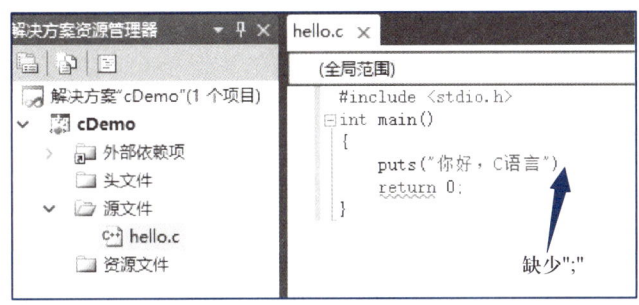

图 1-11　代码存在错误

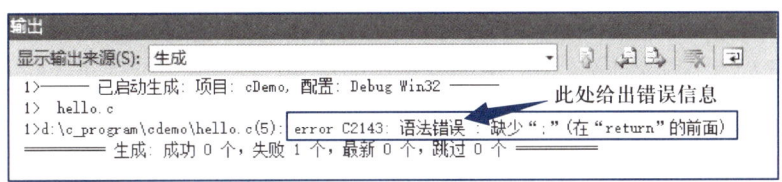

图 1-12　生成失败

此时不用担心，更不要放弃，根据系统提示的错误信息，认真分析代码，查找并改正代码，将会更深刻地理解代码和 C 语法规则，从而提高编程技能。

VS 2010 提供了一种更加快捷的方式，可以一键完成编译、链接、运行三个动作，如图 1-13 所示，单击工具栏中的"运行"按钮，或者按 F5 键就能做到这一点。

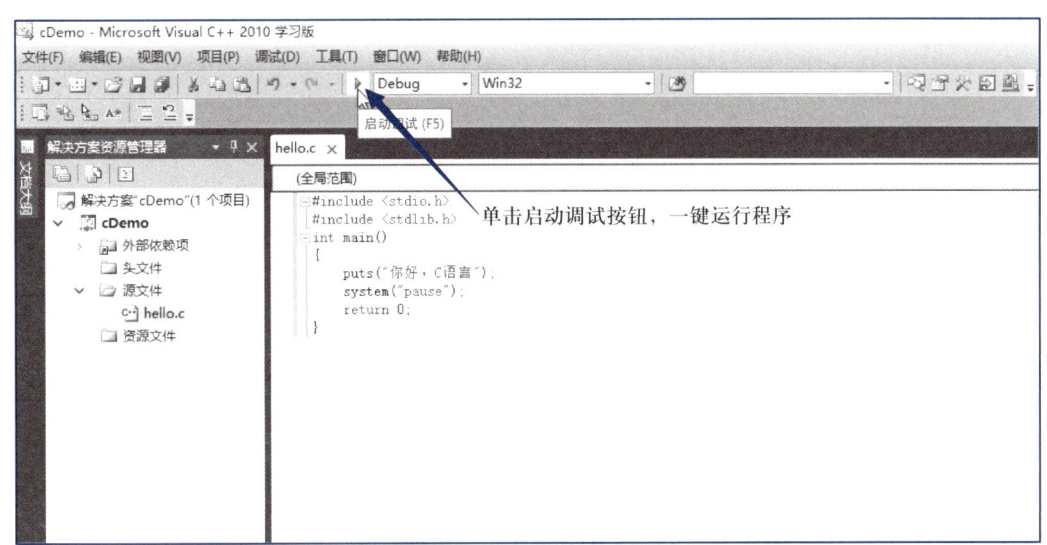

图 1-13　一键运行代码示意图

5. 编写并运行代码

（1）程序代码 1。源文件名：ex1_ 你的学号后四位 .c。

```
/* 作者:读者填写
功能:读者填写
日期:读者填写
*/
#include "stdio.h"
int main(void)
{
    printf("  *\n");
    printf(" ***\n");
    printf("*****\n");
    return 0;
}
```

(2) 程序代码 2。源文件名:ex2_ 你的学号后四位 .c。

```
/* 作者:读者填写
功能:读者填写
日期:读者填写
*/
#include "stdio.h"
int main(void)
{
    int c,a=3,b=5;
    c=a+b;
    printf("a=%d,b=%d,c=%d\n",a,b,c);
    return 0;
}
```

(3) 程序代码 3。源文件名:ex3_ 你的学号后四位 .c。

```
/*
作者:读者填写
功能:读者填写
日期:读者填写
*/
#include "stdio.h"
int main(void)
{
    int a=20;
    printf("%d,%6d,%-6d\n",a,a,a);
    printf("%d,%o,%x,%u\n",a,a,a,a);
```

```
    return 0;
}
```

五、实验注意事项

（1）由于 C 程序运行必须从 main 函数开始，因此一个 C 程序要有一个 main 函数，且只能有一个 main 函数。

（2）在程序代码的输入过程中，要注意如下几点。

① 要注意区分大小写，在 C 语言代码中，大写和小写是不同的标识。如 Main 和 main 在 C 代码中是两种不同的标识。

② 程序中需要空格的地方一定要有空格（如 int a＝3,b＝5 ;中的 int 和 a 之间必须留空格）。

③ 注意"\"与"/"的区别。

六、思考题

自己输入代码，调试执行，并思考代码后的问题。写代码时要注意添加相应的头文件以及 system("pause");。

（1）有如下程序代码。

```
#include "stdio.h"
int main(void)
{
    int a=-5;
    printf("%d,%o,%x,%u\n",a,a,a,a);
    return 0;
}
```

输入代码区后，运行后输出什么？

（2）有如下程序代码。

```
#include "stdio.h"
int main(void)
{
    char c1='A',c2=98; int a=97,b=98;
    printf("%3c ,%3c\n",c1,c2);
    printf("%d,%d\n",c1,c2);
    printf("%c %c\n",a,b);
    return 0;
}
```

此代码编译运行后结果是什么？

一、实验学时

2 学时

二、实验目的

(1) 了解 C 语言数据类型的意义,掌握基本数据类型变量的特点和定义方法。

(2) 学会使用 C 语言的算术运算符,以及包含这些运算符的算术表达式。

(3) 掌握自加(++)和自减(--)运算符的使用、关系表达式、逻辑表达式以及条件表达式的运算。

(4) 进一步熟悉 C 语言程序的编辑、编译、连接和运行的过程。

三、预习要求

(1) 数据的基本类型以及派生的类型,重点复习数据基本类型。

(2) 数据基本类型(包括 char 型、int 型、double 型及其扩展类型)的存储格式。

(3) 算术运算符、关系运算符、逻辑运算符、表达式的概念,关系表达式、逻辑表达式、条件表达式的运算规则。

(4) 副作用与顺序点。了解教材中列出的 9 个顺序点,并掌握前 5 个顺序点的使用。

四、实验内容

(1) 调试程序,分析输出结果。

① 输入并运行以下程序。

```
#include<stdio.h>
int main(void)
{
    float a,b;
    a=123.123e5f;
    b=a+20;
    printf("a=%f,b=%f\n",a,b);
    return 0;
}
```

现将第二行改为:double a,b;

重新运行该程序,分析运行结果。注意不同类型输出时的格式符要求。

说明:由于实型变量的值是用有限的存储单元存储的,因此其有效数字的位数是有限的。float 型变量最多只能保证 7 位有效数字。

② 输入并运行以下程序。

```c
#include<stdio.h>
int main(void)
{
    char c1=0,c2=0;
    c1=97;
    c2=98;
    printf("%c %c\n",c1,c2);
    printf("%c %c\n",c1+4,c2+4);
    return 0;
}
```

现将第二行改为:int c1, c2; 再运行。

再将第三、四行改为:c1 = 300; c2 = 400; 再运行,分析运行结果。

说明:字符型数据可作为 int 型数据处理,int 型数据也可以作为字符型数据处理,但应注意字符数据只占一个字节,它只能存放 256 个不同的整数(能存放的整数范围见教材)。

(2) 完成下列程序源代码,并把程序调通,写出运行结果。下面的程序计算由键盘输入的任意两个整数的平均值。

```c
#include<stdio.h>
int main(void)
{
    int a,b ;
    scanf("%d%d",&a,&b);                 //用户输入数据
    /* 在这里加入 avg 变量的定义,且写出计算 avg 的语句 */
    printf("The average is :%f ",avg);   //注意这时的格式符是 %f
    return 0;
}
```

单击编译运行后,在 DOS 窗口中输入两个整数,中间一定要用空格隔开,然后按 Enter 键。

(3) 指出以下程序的错误并改正,上机把程序调通。

```c
#include<stdio.h>
int main(void)
{
    int a;
```

```
    a=5;
    printf("a=%d", a);
    return 0;
}
```

(4) 编写程序并上机运行

① 要将 "China" 译成密码,译码规律是:用原来字母后面的第 3 个字母代替原来的字母。例如,字母 "A" 后面第 4 个字母是 "E",用 "E" 代替 "A"。因此,"China" 应译为 "Fklqd"。请编一程序,用赋初值的方法使 c1、c2、c3、c4、c5 五个变量的值分别为 'C'、'h'、'i'、'n'、'a',经过运算,使 c1、c2、c3、c4、c5 分别变为 'F'、'k'、'l'、'q'、'd',并输出。输入程序,并运行该程序。分析是否符合要求。

② 在程序中,定义一个复数变量和一个布尔变量,赋值后输出。

③ 输入两个变量的值(类型自己定义),用 scanf() 进行赋值,用条件表达式求出它们中的最大值,并把这个最大值赋值给另一个定义的变量,并输出。

(5) 编写程序代码,把下面的表达式值分别输出出来。

① int a=1,b=2,c=3; 表达式 1 :a<b<c 表达式 2 :a<b && a<c 表达式 3 :b=(a>b?c:(c=5)) 表达式 4 :a+1!=b 表达式 5 :!(!a+b)

② short a=4,b=3; 表达式 1 :!a+b 表达式 2: !(a+b) 表达式 3 :a && b

③ unsigned count=0; double num=1.1; 表达式 1 :count && 1 表达式 2 :count || 1 表达式 3 :++count+(4 || 5) 表达式 4 :x=(++num+3) 表达式 5 :x=!num。这些表达式中,哪些表达式在计算值的过程中产生了副作用。

④ 下列表达式的值分别是什么:表达式 1 :2,3,4,5 表达式 2 :a=b=4*6

⑤ 有定义 int a=4,b=3,c=9;,表达式 a=1+a>b?c:c+b 的值是什么? 执行完整个表达式之后,a 的值是什么? 表达式 a>b++?b+12:a 的值是什么。

(6) 表达式 f=(3.0,4.0,5.0),(2.0,1.0,0.0) 计算完成后,整个表达式的值是多少,变量 f 的值是多少?

(7) 有定义 int a=12,b=5;,则 a+a/b 的值是多少? 有定义 char a='A'; int b=10; 则表达式 a/b 的值是多少? 有定义 char a='A'; int b=10; 则表达式 a*1.0f/b 的值是多少?

(8) 如果要把数学公式表达式 $\dfrac{x-2y}{xy-5x}$ 写成 C 语言的表达式来计算,表达式是什么?

(9) 华氏温度 F 与摄氏温度 c 的转换公式为: $c=\dfrac{5}{9}(F-32)$,在 C 语言中,如果定义 float c,F; 则 c=5/9*(F-32) 是其对应的 C 语言表达式吗? 如果不是,为什么?

(10) 写出以下程序运行的结果,并思考一下,程序所有表达式在执行过程中共产生了几个副作用。

```
#include <stdio.h>
int main(void)
{
    int i,j,m,n;
```

```
        i=8;
        j=10;
        m=++i;
        n=j++;
        printf("%d,%d,%d,%d\n",i,j,m,n);
        return 0;
}
```

五、实验注意事项

(1) 数据类型转换：了解隐式和显式数据类型转换，以及这些转换对表达式计算的影响。特别注意整型与浮点型之间的转换，以及可能的精度丢失问题。

(2) 运算符优先级和结合性：理解不同运算符的优先级和结合性，并能正确地应用它们来构造表达式。特别注意常见的运算符，如算术运算符、关系运算符、逻辑运算符、++、--、条件运算符、逗号运算符等，加深对赋值表达式的理解等。

(3) 代码的可读性：避免使用过于复杂且不易懂的表达式，使用括号明确表达式的组成部分，即使它们不是必需的。

(4) 编程规范和风格：遵循良好的编程风格和规范，如命名规范、代码布局等，以提高代码质量。

六、思考题

(1) 总结各种 int 型、short 型和 unsigned 型变量的区别。

(2) double 型和 float 型数据类型的区别。

(3) 自加、自减运算符与副作用。

一、实验学时

2 学时

二、实验目的

(1) 理解并掌握 C 语言关系表达式和逻辑表达式的运算和使用。

(2) 掌握使用 if 语句、if-else 语句和 switch 语句进行选择结构程序设计。

三、预习要求

(1) 布尔变量、关系运算符和关系表达式、逻辑运算符和逻辑表达式。

(2) if 语句和 if-else 语句以及它们的嵌套应用规则。

(3) switch 语句语法结构、运行规则以及特殊形式的应用。

四、实验内容

(1) 阅读并分析下面程序,理解关系及逻辑表达式的运算规则。了解 if 语句中 () 内表达式的值对程序运行的影响。if 语句 () 中的表达式值为非 0,执行 if 后面的一条语句,否则不执行这条语句。如果非 0 时,要执行多条语句,则需要用 {} 把这些语句括起来形成一条复合语句。if-else 语句的执行规则参见主教材。

```c
/* ex3=1_ 你的学号 .c */
#include "stdio.h"
int main(void)
{
    char a=3,b=5,c=8;
    if(a++<3 && c--!=0)
        b=b+1;
    printf("a=%d\tb=%d\tc=%d\n",a,b,c);
    return 0;
}
```

注意该程序代码中的表达式 a++<3 && c--!=0 是一个逻辑表达式,关系表达式 a++<3 的值为假,因此后一部分 c--!=0 就不再计算。

修改表达式 a++<3 && c--!=0 为 c--!=0 && a++<3,再次运行上述代码,结果是什么?说明理由。

(2) 完善程序,从键盘上输入 x 的值,按下式计算 y 的值(x,y 是小数)。

$$y = \begin{cases} x & x \leqslant 1 \\ \sqrt{2x} & 1 < x < 8 \\ \dfrac{x}{2} & x \geqslant 8 \end{cases}$$

➲ 编程提示:注意逻辑表达式的正确表达方法,数学中的 $1 < x < 8$ 应使用 C 语言的逻辑表达式 (x>1 && x<8) 来表示。在 C 语言代码中,如果数学中的 $1 < x < 8$ 也写成 $1 < x < 8$,则此表达式的值不管 x 取什么值,表达式 $1 < x < 8$ 的值都是 1。

下面的代码应用 if-else 语句的嵌套结构实现上述计算问题,在需要的地方填写代码,并调试运行。if-else 语句 () 中的表达式值为非 0,执行 if 后面的一条语句,执行完成后整个 if-else 语句结束;如果为 0 执行 else 后面的一条语句。如果要执行 if 或 else 后面的多条语句,则需要用 {} 把要执行的语句括起来形成一条复合语句。如果 if 或 else 后的语句中还有 if-else 语句或 if 语句,则是 if-else 语句的嵌套。

```c
/* c3-2- 你的学号 .c */
#include "stdio.h"
int main(void)
{
    // 先定义变量
    // 用语句输入 x 的值
    if  (/* 在此加入表达式 */)
        y=x;
    else
    {
        if(/* 在此加入表达式 */)
            // 加入代码按 y = √2x 计算 y 的值
        else
            // 加入代码按 y = x/2 计算 y 的值
    }
    printf("y=%f\n",y);
    return 0;
}
```

注意,在代码中要将数学公式中的 2x 写成 2*x,用到根号时,要用到 sqrt() 函数,因此在头文件中要包含 math.h。完成编码后编译运行,并把结果写入实验报告。

在程序代码中,输入不同的 x 的值,用单步调试执行程序,仔细观察程序代码执行的过程。

如果不用 if-else 语句,只用 if 语句,如何完成上述程序,请写出代码并编译运行,保留实验结果图片。编写下列程序代码。

① 用 if-else 语句编写程序:输入一个 float 型数据 x,如果这个值为 0,则输出 "yes",否则输出 "no"。注意 if() 中不能用关系运算符 >、<、==。

② 用 if-else 嵌套语句,编写程序计算并输出快运费用。计算的规则如下,小于等于 1 千克按 1 千克算,运费为 15 元,1 千克以上到 10 千克,每多出 1 千克加 2 元,10 千克以上到 20 千克,每多出 1 千克加 3 元,多于 20 千克的每多出 1 千克加 4 元。代码编写完成和编译正确后,运行至少 3 次,每次分别输入不同的物体重量,查看计算结果,并保留全部实验图片。

(3) 输入下面两段程序并运行,掌握 case 语句的基本执行规则以及 break 语句的基本作用。

```c
/* c3-2-1.c */
/*含 break 的 switch */
#include "stdio.h"
int main(void)
{
    int a,m=0,n=0,k=0;
    scanf("%d",&a);
    switch(a)
    {
    case 1: m++;  break ;
    case 2:
    case 3: n++;  break ;
    case 4:
    case 5: k++;
    }
printf("%d,%d,%d\n",m,n,k);
return 0;
}
```

```c
/* c3-2-2.c */
/*不含 break 的 switch */
#include "stdio.h"
int main(void)
{
    int a,m=0,n=0,k=0;
    scanf("%d",&a);
    switch(a)
    {
    case 1: m++;
    case 2:
    case 3: n++;
    case 4:
    case 5: k++;
    }
printf("%d,%d,%d\n",m,n,k);
return 0;
}
```

分别从键盘上输入 1、3、5,写出程序运行的结果。

(4) 编写程序,输入一个百分制的成绩(float 型),要求输出相应的等级 A、B、C、D、E。90 分以上为 'A',80 ~ 89 分为 'B',70 ~ 79 分为 'C',60 ~ 69 分为 'D',60 分以下为 'E'。

➤ 编程提示:

① 定义一个变量存放百分制成绩,一个字符型变量存放相应的等级成绩。

② 输入百分制成绩,然后再定义一个 int 型变量,把这个输入的成绩强制转换为 int 型;比如输入成绩的变量是 score,定义的 int 型变量为 x,则用语句 x=(int)score; 把 float 型转换成 int 型。

③ 将百分制成绩(int 型)按 10 分分档作为 switch 语句中括号内的表达式；在分档之前，要用 if 语句把输入大于 100 或小于 0 的值去除，即：

```
if(score>100 || score<0)
{
    printf(" 成绩不在 0 到 100 之间 ");
    return 0;
}
```

④ 按 case 10 :
case 9 :
case 8 :
case 7 :
case 6 :
default :

这 6 种匹配情况分别选择不同的入口，注意在相应的位置加入 break;。

⑤ 输出相应的等级。

(5) 阅读下面的程序，如果从键盘上分别输入 20,15 和 15,20，运行结果是什么，并运行进行检验。

```
/* ex3-5- 你的学号 .c */
#include "stdio.h"
int main(void)
{
    int a,b,t;
    t = 0;
    scanf("%d,%d",&a,&b);
    if (a>b)
    {
        t = a ;
        a = b;
        b = t ;
    }
    printf("a=%d,b=%d\n",a,b) ;
    return 0;
}
```

(6) 编写程序，给出一个不多于 3 位的正整数 n，要求：① 输出 n 是几位数；② 分别输出每一位数字，并在每一个数字后加两个空格。

➡ 编程提示：

　　① 定义变量（考虑需要几个变量）并输入一个 3 位以下的正整数 n。

　　② 输出 n 是几位数。

```
if(n>=100)
    //则 n 是 3 位数
else if(n>=10)
        //则 n 是 2 位数
    else
        //则 n 是 1 位数,并直接输出这个数
```

　　③ 每一位数字的取得：如果 n 是三位数，则 n/100 就是 n 的百位数上的数字；(n−n/100*100)/10 就是 10 位数的数字，n%10 就是个位数上的数字。根据这个规律可以对 n 是 2 位数的情况进行处理。

　　思考：如果是对一个 4 位的正整数进行上述处理，程序应如何改动？

　　(7) 表达式 z=(a>=b?a:b) 等价的 if 语句是什么，写一个程序进行验证。

　　(8) 阅读下面的代码，运行时分别输入 0 和其他整数，分析输出的结果。

```c
#include<stdio.h>
int main(void)
{
    int x,y;
    printf("input x and y:\n");
    scanf("%d%d",&x,&y);
    if(x)
        printf("x=%d\n",x);
    if(y)
        printf("y=%d\n",y);
    return 0;
}
```

五、实验注意事项

　　(1) C 程序中表示比较运算的等号用 "==" 表示，赋值运算符用 "=" 表示，不能将赋值号 "=" 用于比较运算。在实际中，如果有常量参与 == 的比较，则通常把常量写在左边，这样可以避免一个变量与常量进行 == 比较时，由于把 == 误写成 =，编译不能给出错误提示的问题。

　　(2) if 或 if-else 语句中 () 内的表达式是指任何合法的 C 语言表达式，只要表达式的值为 "非 0"，则为 "true"，"0" 则为 "false"。

　　(3) 在 if 语句的嵌套结构中，else 与 if 的配对原则是：每个 else 总是与同一个程序中、在前面出现的，而且距它最近的一个尚未配对的 if 构成配对关系。

（4）case 及后面的常量表达式只是起标号作用。控制表达式的值与某个常量一旦匹配，那么在执行下面语句的过程中，只要不遇到 break 语句，就一直执行下去，而不再判别是否匹配。允许出现多个"case"与一组语句相对应的情况。

六、思考题

（1）下面程序的功能是实现表达式 z=(x>=y? x : y)，请将程序填写完整。

```c
/* 选择结构的程序 */
#include "stdio.h"
int main(void)
{
    int x, y, z;
    printf("Please input x,y:");
    scanf("%d%d", &x, &y);
    if (        ) // 在 () 中加入代码
        z = x;
    else
        z = y;
    printf("z=%d ", z);
    return 0;
}
```

（2）编写一个菜单显示程序，菜单选择界面如图 3-1 所示。

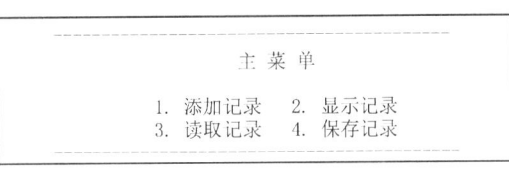

图 3-1　菜单选择界面

输入 1、2、3 或 4 可以进行相应的显示，如输入 1 则屏幕上显示"你选择了 1"，输入 2，则显示"你选择了 2"等，当输入 0 ～ 4 之外的数据时，显示"选择错误！"。要求用 switch 语句编程。

循环结构程序设计(一)

一、实验学时

2 学时

二、实验目的

(1) 掌握用 while、do、for 语句实现循环的方法。

(2) 掌握在设计条件型循环结构的程序时,如何正确地设定循环条件,以及如何控制循环的次数。

(3) 掌握与循环有关的算法。

三、预习要求

预习主教材有关 while、do、for 语句的语法格式,并能通过这三种语句编写、调试单层循环结构的程序。

四、实验内容

(1) 分析并运行下面程序段,指出循环体执行的次数。

```
    int a=10,b=0;
    do{
        b+=2;
        a-=2+b;
}while(a>=0);
```

并把这个改成 do;while(/* 只在此输入表达式 */) 的形式,使两者运行的结果一致。

(2) 当执行以下程序段时,循环体执行的次数是多少,并分析原因。

```
x = -1;
do
{
    x=x*x;
} while(!x);
```

注意表达式 !x 的值计算。

(3) 编程求 1!+2!+3!+…+10! 的值。

注意:根据题目,考虑所定义的各个变量应该为何种类型。程序结构如下。

```c
/* 文件名 ex4-1-你的学号.c,求 1!+2!+3!+…+10!*/
#include "stdio.h"
int main(void)
{
    // 添加代码,定义变量 i 作为循环控制变量
    // 添加代码,定义变量 p 和 sum 分别存放各个整数的阶乘和阶乘之和
    // 添加代码,为变量 p 和 sum 赋初值:p=1,sum=0,根据下面的代码回答为什么赋这个值
    // 考虑到 (i+1)! 只要在 i! 的结果之上,再乘以 i+1,因此只需要一个循环
    // 就可以实现上述结果
    for (i = 1; i <= 10; i++)
    {
        // 添加代码 p=p*i;,这里每一轮循环后,p 就是 i!; 为什么?
        // 添加代码,把 p 累加到 sum
    }
    // 添加代码,输出 sum 的值
    return 0;
}
```

根据注释说明的功能,写入相应的代码,并且执行输出结果。

(4) 编写一个程序,求出两个数 m 和 n 的最大公约数和最小公倍数。

● 编程提示:求最大公约数的方法有三种。

① 从两个数中较小的数开始向下判断,如果找到一个整数能同时整除 m 和 n,则终止循环,这个数就是 m 和 n 的最大公约数。

```c
#include "stdio.h"
int main(void)
{
    // 1. 输入 m,n,数据类型为 int。
    // 2. 得到它们中的最小的数,存放在 min 中。
    /* 3. 加入你的代码,定义一个循环变量 i,用循环让 i 每次减 1,直到 1,
    在循环体中,用 i 分别去除以 m,n,如果都能整除,则输出 i,并用 break;
    退出循环。
    */
}
```

② 从整数 2 开始向上找,直至 m 和 n 中较小的数,每找到一个能同时被 m 和 n 整除的整数,将其存入一个变量中,当循环结束时,变量中存放的即为最大公约数。如果循环结束后,循

环变量的值大于那个较小的数,则最大公约数为 1(为什么?)。设 n 为 m 和 n 中较小的数,则如下程序段可实现。

```
for(k=2; k<=n; k++)
    if(m%k==0 && n%k==0){
        x=k;
        break;
    }
```

用 if 语句判断 k 与 n 的关系。如果 k>n,则 x=1,变量 x 的值即为最大公约数。

```
#include "stdio.h"
int main(void)
{
    /* 加入你的代码 */
}
```

③ 辗转相除法。这种算法将求 m 和 n(要求 m ≥ n)的最大公约数问题转化为求其中的除数和两个数相除所得余数的公约数问题。即先求出 m 除以 n 的余数,然后以除数作为被除数,以余数作为除数,继续进行同样的运算,当余数为 0 时,此时的除数即为 m 和 n 的最大公约数。部分代码如下:

```
b = m % n;                    // 这里 m>n
while (b != 0)                // 相当于 while(b)
{
    m = n;
    n = b;
    b = m % n;
}
```

执行完成后,n 即为两数的最大公约数。
写出完整的代码,运行并记录结果。

```
#include "stdio.h"
int main(void)
{
    /* 加入你的代码 */
}
```

(5) 编程实现,从键盘上输入一行字符,统计其中英文字母、数字、空格和其他字符的个数。

➡ **编程提示**: 先定义一个 char 型变量(如 c),然后定义 4 个 unsigned 变量作为每种字符的计数变量,并赋初值 0。用一个循环,每次从键盘上读入一个字符,在循环体中对读入的字符进行判断,比如,判断此时的 c 是不是数字字符,可写成 if(c>='0' && c<='9'),如果表达式值非 0,则相应的计数器加 1。循环以字符为 '\n' 时结束,这是因为从键盘输入数据时,最后是按 Enter 键,所有字符会先放入缓冲区,最后的 Enter 键也会进入缓冲区。注意用 getchar() 接收从键盘输入的一个 Enter 键,得到的是字符 '\n'。

编程中可使用如下的循环结构:

```
while ('\n'!= (c = getchar()))
{
    /* 加入你的代码,用 if-else 嵌套语句 */
}
/* ex4-5- 你的学号 .c,从键盘中输入一组字符,用循环语句统计并输出字符 'A' 的个数 */
#include "stdio.h"
int main(void)
{
    /* 加入你的代码 */
}
```

注意下列问题:

① while ('\n'!= (c = getchar())) 中括号的使用,(c = getchar()) 中外层的括号不能省略,原因在哪里?

② unsigned 与 int 有何区别?

③ 用 for 语句改写上面的 while 语句,并完成编程。

(6) 计算 1 到 N 之间的奇数之和及偶数之和,并输出。请在程序中的横线处填入适当的内容,将程序补充完整并运行。

```
/* c4-6- 你的学号 .c 计算 1 到 N 之间的奇数之和及偶数之和 */
#include "stdio.h"
int main(void)
{
    int oddsum=0, evensum=0, i,N;  // 前两个变量分别存放奇数和偶数的和
    scanf("%d",&N);
    /* 在此加入代码,初始化两个存放和值的变量 */
    for (i = 1; i <= N; i ++)
    {
        /* 加入你的代码计算两个和值 */
    }
    printf("sum of evens is %d\n", evensum);
    printf("sum of odds is %d\n", oddsum);
    return 0;
}
```

（7）所谓水仙花数是指一个三位数，其各位数字的立方和等于该数本身。如 153＝1＋125＋27。编程找出所有的水仙花数。

➡ **编程提示**：定义一个变量作为循环变量，使其遍历 100 到 999 之间的每一个数，再定义 3 个变量用于存放一个三位数的每位数字，在循环体中将获取三位数的个位、十位、百位上的数字，判断循环变量的值是否等于这三个数字的立方和（一个数 x 的立方，可以写成 x*x*x，也可以写成 pow(x,3)，如果用后者，要引入 math.h 头文件，并且注意强制类型转换，因为 pow 返回的结果是 double 类型），如果相等，则此数为水仙花数，则输出，如果不相等，进入下一轮循环。程序的基本结构如下。

```c
/* c4-7- 你的学号 .c 打印出所有的 "水仙花数" */
#include "stdio.h"
int main(void)
{
    // 加代码,定义 4 个整型变量 ;
    for (j = 100; j <= 999; j++)
    {
        a = j / 100;                /* 获取百位上的数字 */
        b = j / 10 - a * 10;        /* 获取十位上的数字 */
                       ;            /* 在 ; 前加入代码,获取个位上的数字 */
        // 在下面加入代码,判断是否为水仙花数,是则输出
    }
    printf("\n");
    return 0;
}
```

（8）不断从键盘上输入学生成绩，当输入负数时表示结束输入，并且此负数不算是有效的成绩数据。输出这些成绩当中的最高分和最低分。请将程序补充完整。

首先，使用 scanf 函数输入一个成绩，记为变量 x。同时，将 x 的初始值赋给两个变量：maxValue 和 minValue，分别用来存储最大值和最小值。

接下来，通过一个 while 循环来处理后续输入的成绩。循环的条件是 x >= 0。在每次循环中，进行以下操作：

比较 x 与 maxValue。如果 x 大于 maxValue，则更新 maxValue 为 x 的值。

比较 x 与 minValue。如果 x 小于 minValue，则更新 minValue 为 x 的值。

使用 scanf 函数再次接收新的成绩值，赋给 x，以进行下一轮循环的比较。

此外，需要特别注意的是，如果程序一开始接收到的成绩 x 就是负数，意味着没有有效的成绩输入。在这种情况下，while 循环不会执行。为处理这种情况，需要在循环之后用一个 if 语句检查 minscore 的值。如果 x 有负数，程序应该指出没有有效成绩输入，因此没有最大值和最小值。

在所要求处补充代码。

```
/* ex4-8- 你的学号  .c  求最大值最小值程序 */
#include "stdio.h"
int main(void)
{
    float x, maxscore=-1, minscore=-1;        // x 为接收输入值的变量
    scanf("%f", &x);
    maxscore = x;
    minscore = x;
    while (              )                     // 在 () 中添加代码
    {
        if (x > maxscore)
            maxscore = x;
        if (               )                   // 在 () 中添加代码
            minscore = x;
        scanf("%f", &x);                       // 再次输入 x
    }
    if(minscore>=0 && maxscore>=0)
        printf("\n maxscore =%f,  minscore =%f\n", maxscore, minscore);
    else
        printf("\nNo data!\n");
    return 0;
}
```

在上面的代码中,最后的输出用 if-else 语句分情况输出结果,而不直接用 printf("\n maxscore =%f, minscore =%f\n", maxscore, minscore); 输出。

把 if-else 整条语句换成 printf("\n maxscore =%f, minscore =%f\n",maxscore,minscore); 重新编译运行,运行时直接输入一个负数,查看执行的结果。

(9) 求两个正整数 m 和 n 之间所有既不能被 3 整除也不能被 5 整除的整数之和。

➡ 编程提示:

首先,定义 4 个变量:m 和 n 用于存储用户输入的两个数值,i 作为循环变量,以及 sum 用于累加求和,初始值设为 0。

从键盘输入 m 和 n 的值。由于用户输入的 m 和 n 可能大小不一,为了确保后续循环的正确性,需要保证 m 小于等于 n。如果输入的 m 大于 n,则交换 m 和 n 的值。这样做可以保证在接下来的循环中,循环变量 i 的起始值为 m,结束值为 n,每次循环 i 的值增加 1。

接着,使用一个循环来依次判断 m 到 n 之间的每一个数。在循环体内,通过条件语句判断当前的数是否既不能被 3 整除也不能被 5 整除。如果一个数满足这个条件,将其加到 sum 中累加求和。如果不满足条件,则继续循环直到结束。程序的基本结构如下。

```
/* c4-9.c 按条件求数列和 */
#include "stdio.h"
int main(void)
{
    // 添加代码定义变量
    // 添加代码为变量赋初值
    // 添加代码输入 m, n 的值
    if (m > n)            // 不满足条件就交换
        // m 和 n 交换
    for (/* 在此添加代码 */ )
        if (0 !=i % 3  && 0 != i % 5)
        // 变量 sum 累加求和
    printf("Sum is : %ld \n", sum);
    return 0;
}
```

把上述代码去掉 for 语句前面的 if 语句,再次在 VS 2010 中编译代码,分别两次执行代码,但输入 m 和 n 的值时,一次较大值在前,一次较大值在后,看一下两次运行结果的区别。

进一步考虑,如果没有 for 语句前面的 if 语句,要想程序代码对不同情况的输入(大数在前或小数在前)都正确,上述代码该如何更改?

(10) 下面程序的功能是:计算正整数 num 的各位上的数字之和。例如,若输入 252,则输出应该是 9;若输入 202,则输出应该是 4。请将程序补充完整。

分析:本程序旨在计算一个整数 num 的各位数字之和。对于任意位数的整数,可以通过一个循环来逐位获取其数字。考虑到编程者无法预知输入整数的位数,需要一种通用的方法来处理。

首先,num 的个位数字可以通过 num % 10 获取。然后,通过 num / 10 将 num 更新,这样原本的十位数字就变成了新的个位数字。重复这个过程,可以逐位访问 num 的所有数字。

在每次循环中,先将 num % 10 的结果赋给变量 k,这样 k 就代表了当前 num 的个位数字。随后,使用 num / 10 的结果更新 num 的值,使下一位数字成为新的个位数字。循环持续进行,直至 num 减少到只剩最后一位数字。当 num 变为 0 时,表示所有数字已经被处理过,此时循环结束。

循环的控制表达式可以设置为 num != 0 或简化为 num。因为当 num 变为 0 时,控制表达式的结果为 0,从而终止循环。

```
/* c4-10.c 求整数各位数字和 */
#include "stdio.h"
int main(void)
{
    int num, k;                    // num 为输入的数,k 存放各位数字的和
             ;                      /* 在 ;前添加代码,k 赋初值 */
```

```
    printf("\Please enter a number:");
    scanf("%d", &num);
    do
    {
        k =                 ;              /* 在；前添加代码,取最低位并累加 */
        num /= 10;                         /* 去掉最低位 */
    } while (num);
    printf("\n%d\n", k);
    return 0;
}
```

五、实验注意事项

（1）while、do、for 语句中应有使循环趋向于结束的语句,否则就可能构成死循环。

（2）while、do 语句什么情况下的运行结果是相同的,什么情况下不同。

（3）注意在循环结构程序设计中,正确使用 {} 构成复合语句。

六、思考题

（1）阅读下面的程序,写出输出结果。并用 while 语句分别写出达到同样输出效果的程序代码。

```
#include <stdio.h>
int main(void)
{
    int x=0;
    for(;x<10;x=x+2)
        printf("%d_",x);
    return 0;
}
```

```
#include <stdio.h>
int main(void)
{
    int i,j;
    for(i=10,j=2;j<=i;i=i-j)
        printf("%d_",i+j);
    return 0;
}
```

（2）编写一个 C 语言程序,以计算并打印一个整数的所有正因子(除自身外)。

（3）Fibonacci 数列的前两项为 1、1,以后每项的值是它前两项的和。输出其 20 项到 30 项中,每一项的前一项与该项的商,看是否越来越接近黄金分割比例 0.618。

（4）公式 $\int_0^1 \sqrt{1-x^2}\,\mathrm{d}x$ 可用于求半径为 1 的 1/4 圆面积,考虑到定积分的值可以用求和方式近似求得,试编程求出上述定积分的近似值。

（5）运行如下程序,观察输出的图形与 r 值的关系。如果要使内部的空格与星号间隔少些,可修改哪些值?

```c
#include<stdio.h>
#include<math.h>
int main(void)
{
    int r=23,n,h,x,i;
    for(n=0;n<r;n++)
    {
        h=r-n;
        x=n;
        for(i=0;i<=r-x+10;i++)
            printf(" ");
        for(i=0;i<=x;i++)
            if((i+1)%11<5)
                printf("*");
            else
                printf(" ");
        for(i=x-1;i>=0;i--)
        {
            if((i+1)%11<5)
                printf("*");
            else
                printf(" ");
        }
        printf("\n");
    }
    for(n=r-2;n>=0;n--)
    {
        h=r-n;
        x=n;
        for(i=0;i<=r-x+10;i++)
            printf(" ");
        for(i=0;i<=x;i++)
        {
            if((i+1)%11<5)
                printf("*");
            else
                printf(" ");
        }
        for(i=x-1;i>=0;i--)
```

```
            {
                if((i+1)%11<5)
                    printf("*");
                else
                    printf(" ");
            }
            printf("\n");
        }
        return 0;
    }
```

(6) 观察如下代码的运行结果。如果没有 srand(time(NULL)); 这条语句，程序运行会有什么变化？上网查看 time() 和 srand() 函数的功能和用法。

```
#include<stdio.h>
#include<stdlib.h>
#include<time.h>
int main(void)
{
    int x,y,z,n=0,score=0;
    srand(time(NULL));
    while(n<10)
    {
        x=rand()%10;
        y=rand()%10;
        printf("%d+%d=?\n",x,y);
        scanf("%d",&z);
        if(z==x+y)
        {
            printf("correct\n");
            score=score+10;
        }
        else printf("wrong,%d+%d=%d\n",x,y,x+y);
        n++;
    }
    printf("your score is %d\n",score);
    if(score>80)
        printf("good job!");
    else if(score>60)
        printf("not bad");
```

```
        else
            printf("are you kidding!");
        return 0;
    }
```

(7) 用 srand(time(NULL)); 作为种子,生成 100 个 50 到 100 之间的整数(整数可重复),并把它们每 10 个一行输出出来,观察它们相同数据的情况。观察各数出现的频率是否大致一样? 如果生成 100 个 50 到 60 之间的整数,做同样的操作再观察各数出现的频率规律。

(8) 有一个抛物线方程:$y = x^2$,编程求出 $x \in [0,1]$ 之间的抛物线近似长度。

提示:这个长度可以用各短线相加来处理,假如 $x = 0.5$,让 x 增加 deltx $= 0.01$,则增加后这一小段的抛物线长度为:$\sqrt{deltx^2 + (x^2 - (x+deltx)^2)^2}$,用一个循环让 x 从 0 开始,每次增加 deltx,直到 x 为 1,并把每一小段抛物线长度加起来就是所要求的结果。调整 deltx 的值,看是不是结果更加精确。要求用 for 语句、while 语句和 do 语句分别实现。

(9) 数学中函数 $f(x)$ 的导数定义为:$f'(x_0) = \lim\limits_{\Delta x \to 0} \dfrac{f(x_0 + \Delta x) - f(x_0)}{\Delta x}$,可以看出 Δx 越接近于 0,$\dfrac{f(x_0 + \Delta x) - f(x_0)}{\Delta x}$ 越接近 $f'(x_0)$。但在工程应用中 $f(x)$ 的表达式很多时候难以直接写出其导数的表达式,于是经常用导数定义直接求其在 x_0 处导数的近似值。用一个循环利用导数的定义求出函数 $f(x) = \sqrt{x+2}$ 分别在 1、1.1、1.2、…、2 处的导数近似值,并输出。

⯈ 编程提示:Δx 可以取相对小的值,比如 0.001 等。要求用 for 语句、while 语句和 do 语句分别实现。

(10) 大家知道,C 语言中存放一个小数,其精确到的位数有限,如 double 型数据有效位数为 15 ~ 16 位,这个位数指整个数据的有效位数,不是小数点后的位数。如果要计算一个数,要求计算出的结果精确到小数点后 1 000 位,如何做到呢? 比如计算 20.0/7,要求输出其结果,并保留到小数点后 1 000 位。

这可以用一个循环来实现,具体算法思路是:第一步:定义并赋值 int x=20,y=7; 第二步:输出 k=x/y 和一个小数点。第三步:循环执行 x=(x−k*y)*10;k=x/y; 并输出 k。

根据这个算法,循环多少次,就能精确到多少位。请用代码实现。

一、实验学时

2 学时

二、实验目的

(1) 掌握使用 for、while、do 语句实现多重循环的方法,并训练相应思维。
(2) 掌握有关循环嵌套的执行规律。
(3) 掌握 break 和 continue 语句的使用。

三、预习内容

预习主教材中有关使用 for、while、do 语句实现循环嵌套的方法以及循环嵌套的执行过程。

四、实验内容

(1) 根据公式: $sum = 1 + \dfrac{1}{2!} + \dfrac{1}{3!} + \cdots + \dfrac{1}{10!}$,计算 sum 的值。

注意,在 C 语言中,整数除以整数时,得到的结果也是整数。因此,当需要获得小数结果时,应注意数据类型的选择。对于本编程题目,我们首先定义一个变量 sum 用于存放最终的求和结果。由于求和可能涉及小数,sum 的数据类型应该是 double 型或 float 型,以便准确地存储小数结果。

接着,定义一个变量 fac 来存放一个整数的阶乘。使用双重循环,外层循环用于把求阶乘的整数从 1 调整到 10,程序的基本结构为:

```
for (i = 1, sum = 0; i <= 10; i++)
{
    //加你的代码,把 fac 赋初值 1
    for (j = 1; j <= i; j++)          //求 i 的阶乘
        // 添加代码求变量 fac 与 j 的积并赋给 fac
    // 变量 sum 累加 fac 的倒数,这里要注意整数与整数相除结果为整数
}
```

想一想是否可以将 fac＝1; 放在外层循环之前,为什么? 怎样用一个单循环完成上述任务。

（2）编程求 100 ～ 300 之间的素数和。

编程提示：素数即只能被 1 和它本身整除的数。本题采用以下步骤。

① 初始化和:创建一个变量如 sum,来存储素数和,初始值设为 0。

② 遍历数值:用循环遍历从 100 ～ 300 的每一个数值 i。

a. 对于每个数值 i,检查它是否为素数。

用一个循环遍历从 2 到 sqrt(i) 取整（(int)sqrt(i)）的所有数来检查 i 是否有其他因数。如果发现任何其他因数,则 i 不是素数。

b. 如果 i 是素数,累加素数到 sum。

③ 输出累加的和。

求出 100 ～ 300 之间的全部素数的和要用两重循环的嵌套结构。程序结构提示如下：

```
/* c5-3-你的学号.c 求 100 ～ 300 之间所有素数的和 */
#include "stdio.h"
int main(void)
{
    // 加代码定义变量
    // 外层循环,变量 i 从 100 递增到 300
    {
        // 标志变量赋 0
        // 内层循环,变量 k 从 2 递增到√i(取整)
                如果 i 能被 k 整除,i 不是素数,则标志变量赋 1,跳出内层循环
        // 如果标志变量为 0(是素数),进行求和
    }
    // 输出求和结果
    return 0;
}
```

（3）编程输出图 5-1 的图形。

```
    *
   ***
  *****
```

图 5-1 三行星形示意图

编程提示：输出图形这一类问题,首先要看图形的特点,找出规律:一共有几行,每行先输出什么字符,输出几个;后输出什么字符,输出几个。一般用外层循环变量控制行数,内层循环变量控制各种字符的数量。程序的基本结构为：

```
for(i=0; i<=2; i++)
{
```

```
    // 连续输出若干空格
    // 连续输出若干个"*"
    // 输出一个换行
}
/* c5-4.c 输出字符图形 */
#include "stdio.h"
int main(void)
{


}
```

想一想,输出图 5-2 所示的复杂星形图应当怎样实现?

图 5-2　复杂星形示意图

(4) 运行以下程序,分析程序的运行结果并上机验证。

```
/* c5-5.c 循环结构程序 */
#include "stdio.h"
int main(void)
{
    int i = 0, a = 0;
    while (i < 20)
    {
        for (;;)
        {
            if ((i % 10) == 0)
                break;
            else
                i--;
        }
        i += 11;
        a += i;
    }
    printf("%d\n", a);
    return 0;
}
```

五、实验注意事项

（1）在使用双重循环时，外层循环通常控制变化较慢的参数，如结果数据的数量或图形的行数。相比之下，内层循环负责更快速的变化，例如计算数据项或控制图形中字符的数量。

（2）在编写循环结构的程序时，应正确使用花括号来创建复合语句，确保逻辑清晰和结构正确。

（3）对于多重循环，每当外层循环变量增加一次，内层循环便会完整地从初始值迭代至终止值。

（4）为了提高程序的可读性，建议采用缩进方式编写代码，这样做可以使程序的结构更加清晰易懂。

六、思考题

（1）用两重循环输出图 5-3 所示的五行星形图。
（2）用两重循环输出图 5-4 所示的菱形星形图。

图 5-3　五行星形示意图　　　　　图 5-4　菱形星形图

```c
#include "stdio.h"
#include <math.h>
int main(void)
{
    int i=1,j,k,r=5;                    //r 表示行数
    for(i=-1*r;i<=r;i++)
    {
        for(k=1;k<=abs(i);k++)          //输出一行前的空格
        {
            /* 加入的代码,abs(i) 为求 i 的绝对值 */
        }
        //下面输出一行中的所有 *。
        for(j=1;j<=/* 加入表达式 */;j++)
        {
            printf("*");
        }
        printf("\n");
```

```
    }
    return 0;
}
```

(3) 在 1 ～ 20 的整数范围内找出所有三个数的组合,使得这 3 个数(可以相同)之和等于 30。

(4) 在 for(;;) 中,两个 ; 之间如果没有写表达式,则这个表达式确定为 1,表示这个循环可以无限循环下去。下面的代码是无限循环吗? 分析下列程序代码的功能。

```
#include <stdio.h>
int main(void)
{
    for(char ch1='D';;ch1++)
    {
        putchar(ch1);
        for(char ch2='Z';;ch2=ch2-2)
        {
            putchar(ch2);
            if(ch2<ch1)
                break;
        }
    }
    return 0;
}
```

(5) 利用两重循环,输出 80 ～ 100 之间所有整数的两个因子,如果此整数是质数,则直接输出“质数”。

① 初始化外层循环:设置循环变量 num,使其从 80 开始,递增到 100。这个循环将遍历 80 ～ 100 之间的每个整数。

② 检查质数:对于每个 num,开始一个内层循环。在这个循环中,设置另一个循环变量 i,从 2 开始,递增到 num-1。

③ 内层循环检查因子:在内层循环中,对 num 执行模运算 num ％ i。

a. 如果 num ％ i 的结果为 0,表示 i 是 num 的一个因子。

b. 输出这两个因子(i 和 num/i)。

c. 由于已找到因子,可以提前结束内层循环。

④ 判断是否是质数:如果内层循环结束而没有找到任何因子(即没有使 num ％ i 等于 0 的 i),则说明 num 是一个质数,这时输出“质数”。

⑤ 重复以上步骤:对 80 ～ 100 之间的每个整数重复② 到④ 。

(6) 用两重循环利用积分的原理,求一个半径为 r 的圆的面积。要求用 for 语句、while 语句和 do 语句分别实现,r 值由键盘输入得到。

实验六　　指针

一、实验学时

2 学时

二、实验目的

(1) 掌握指针的概念,会定义和使用指针变量。
(2) 掌握指针算术运算,掌握 * 运算符的意义。
(3) 掌握指针指向的数据类型。
(4) 掌握指向指针的指针概念和基本用法,了解指向 void 类型的指针的意义。

三、预习要求

(1) 地址和指针的概念。

(2) 指针数据类型是一个整体概念,指针类型根据指针指向的数据类型不同属于不同类型的指针。一定注意不同类型的指针之间不可轻易赋值,因为指针的移动和获取指针指向的数据都是由指针指向的数据类型决定的,所以在考虑指针时一定注意它是指向什么数据类型。

(3) 在预习时,带着如下问题进行。

① float *p, i; 作为指针 &i 指向什么数据类型? 它与指针变量 p 是同一种指针类型吗?

② 如果有 int x;,则指针类型 p、&x 是同一种指针类型吗? *p 与 &x 是同一种指针类型吗? 直接定义一个指针,如 int *p1;,然后可以直接用 *p1 = 5; 这样的语句进行赋值吗? 为什么?

③ 有指向指针的指针变量 int **p,其指向的数据类型是什么?

④ 虽然定义了 int **p, x = 5;,但是不能直接执行 **p = x; 语句。因为执行 int **p 时编译系统只是为 p 这个指针变量申请了内存空间,用来存放一个指针值,然而此值可能是一个垃圾值,导致 p 指向的那个内存空间并不能被用于提取数据或存放数据,因此导致 **p 不能被访问,也就不能执行 **p = x;。

要解决这个问题,首先是让 p 指向的空间可以合法地被访问,所以要让 p 指向一个可以存取数据的空间,可以这样做:int *temp;p = &temp;;此时 p 的值就是变量 temp 的地址,这样就解决了 p 值是一个垃圾值导致 *p 不能访问的问题。这里请读者考虑为什么 int *temp 不能写成 int temp。

其次,解决 temp 的值也是一个垃圾值的问题,可以这样做:int a;temp = &a;。这样 temp 指向的空间也可以正常访问,到此就可以正确执行语句 **p = x;。执行的过程就是先得到 p 的值,即指针变量 temp 的地址值(注意是地址值不是 temp 本身的值),然后通过 *p 得到 temp 变量的值(就是变量 a 的地址值),然后通过 **p 得到 temp 指向的内存空间,即变量 a 的空间,再把 x 放在 a 处。

指向指针的指针通常是通过调整 *p 的值,利用同一条语句把 x 放在不同的空间中。例如前面执行 **p=x; 时把 x 放在 a 中,但如果有变量 b,通过语句 temp=&b; 调整了 temp 的值,则同样是语句 **p=x; 则是把 x 的值放在 b 中。这种方式为 C 语言编程带了相当大的灵活性。

⑤ 指向 void 类型的指针,是万能指针,但不能用"* 指针"取值。

四、实验内容

(1) 在 main 函数中输入两个整数,并使其从大到小输出,用指针变量实现数的比较。

定义两个基本数据类型的变量和两个指向变量,并初始化,使这两个指针变量分别指向两个基本数据类型变量。所以,指针变量定义时所使用的数据类型应该与基本数据类型变量所定义的类型一致。

假设有定义 float a,b; 和定义 float *pa=&a,*pb=&b;,那么,指针变量 pa 指向 a,指针变量 pb 指向 b。现在用 scanf 输入 a、b 的值时可以用两种方式,一种是 scanf("%f%f",&a,&b);,另一种是 scanf("%f%f",pa,pb);。整数就换格式符。

这是因为 scanf 函数 () 中的 " " 后面是接收数据的存放地址,而此时 pa、pb 分别是变量 a、b 的地址。因此,接收到数据之后,就存放在 pa、pb 指向的地址处。

在接收到数据后,比较两个数据的大小,此时应用 if 语句,如果 a<b 为 true,则互换 pa 和 pb 的值。最后应用 printf("max=%d,min=%d\n", *p1 ,*p2); 输出结果。

```c
/*c6-1- 你的学号 .c */
#include <stdio.h>
int main(void)
{
    int a,b;
    int *pa=&a,*pb=&b,*temp=0;
    printf("please input two integers:\n");
    scanf("%d%d",pa,pb);
    if(a<b)   // 如果 a 比 b 小,则让 pa 和 pb 的值互换,使它们指向的数据互换
    {
        /* 补充代码 */
    }
    printf("a=%d,b=%d\n",a,b);
    printf("max=%d,min=%d\n", *pa ,*pb);
    return 0;
}
```

加入代码后,运行并给出结果。如果上述用从键盘接收数据的语句写成:

```
scanf("%d%d",&a,&b);
```

其余代码不变,会产生不同的结果吗? 为什么?

(2) 指针的算术运算。定义一个指向 int 型数据的指针变量 p1 和一个 int 型变量 a,再定义一个指向 double 型的指针变量 p2 和一个 double 型变量 b,补充代码输出 p1 和 p2 值,并解释指针变量 ++ 后输出数据变化的现象。

```c
/* c6-2- 你的学号 .c */
#include<stdio.h>
int main(void)
{
    int a,*p1;
    double b,*p2;
    p1=&a;
    p2=&b;
    printf("%ld,%ld\n",p1,p2);
    p1++;
    p2++;
    printf(" 加 1 后输出:\n%ld,%ld\n",p1,p2);
    return 0;
}
```

(3) 编写程序定义一个整型变量和一个指向该整型的指针。通过指针变量改变整型变量的值。

(4) 定义一个字符型指针,输出一个字符串常量第偶数个的字符。

char *str = "Chinese"; // 字符串是常量,这样赋值是把字符串的第一个字符所在地址给变量 str,且各字符在内存中是顺序存放的,且每个字符占一个字节。例如:str + 1 指向字符 'h'

(5) 编程使用指针的指针来存取和修改一个变量的值。

(6) 创建一个 void 类型的指针,并使用它来指向不同类型的数据,如整型、浮点型等。经强制类型转换后,输出 void 指针指向的数据,并解释原因。

(7) 定义两个变量 a、b,利用指针把两个变量的值互换。

五、实验注意事项

(1) 指针的定义与初始化:理解指针是一种特殊的变量,其存储的是内存地址而非数据值本身;学习如何正确地定义和初始化指针。未初始化的指针可能指向随机的内存地址,导致未定义行为。

(2) 指针与数据类型:明白指针指向的数据类型对指针操作的影响。例如,int * 指向整型,char * 指向字符型;理解不同类型的指针在内存中占据的空间和访问机制。

(3) 指针的算术运算:掌握指针的加减运算,理解指针移动是根据其数据类型的大小来进行的;学习如何通过指针运算遍历内存地址。

（4）多级指针（指针的指针）：理解多级指针的概念，如一个二级指针指向一个指针，该指针再指向一个值；这类指针指向的数据类型是指针类型，掌握通过多级指针访问和修改数据的方法。

（5）void 类型的指针：void 指针可以指向任何类型的数据，但操作前需要转换为相应的类型；理解在什么情况下使用 void 指针以及其限制（如不能直接进行指针算术运算）。

（6）指针的安全性与最佳实践：避免野指针（指向未知或不可用内存区域的指针）。

使用指针时要确保内存的有效性和安全性。

六、思考题

（1）定义一个整型变量和一个指向它的指针。使该指针初始化变量的值为 10，然后利用指针将整型变量值增加到 20。

（2）使用字符指针指向一个字符串，并通过指针操作来反转输出该字符串。

（3）使用一个指向指针的指针来修改一个整型变量的值。

（4）不使用标准库函数 strlen，编写一段代码，使用指针计算一个字符串的长度（字符串的最后一个字符是 \0'），并输出出来。有定义：char *str = "I love China!";，则 *str 的值是 'I'，*(str + 2) 是 'l'。

（5）定义一个整型变量，并使用指向整型数据的指针进行加法和减法运算，以此来访问该变量之前或之后的内存地址，并解释出现的结果。

（6）有如下代码：

```
#include <stdio.h>
int main(void)
{
    char *str1 = "Hello";
    char *str2 = "World";
    char **pointerToPointer;
    printf("Original:\nstr1: %s\nstr2: %s\n", str1, str2);
    // 指向 str1 的指针
    pointerToPointer = &str1;
    // 通过指向指针的指针改变 str1 的指向
    *pointerToPointer = "Changed Hello";
    // 指向 str2 的指针
    pointerToPointer = &str2;
    // 通过指向指针的指针改变 str2 的指向
    *pointerToPointer = "Changed World";
    printf("Changed:\nstr1: %s\nstr2: %s\n", str1, str2);
    return 0;
}
```

通过内存画图，解释为什么会出现运行后的结果？

一、实验学时

2 学时

二、实验目的

(1) 掌握一维数组的定义、初始化方法。
(2) 掌握一维数组中数据的输入和输出方法。
(3) 掌握一维数组名的使用,掌握 "a[b] 表达式"。
(4) 掌握与一维数组有关的程序和算法。
(5) 了解用数组处理大量数据时的优越性。

三、预习要求

要求认真理解下列内容。

(1) 一维数组是一种派生类型,可以由基本类型(如整数或浮点数)、结构体、指针、枚举或共用体类型构成其元素。在 C 语言中,数组名在特定情境下有不同的含义。

(2) 当与地址运算符 (&) 和 sizeof 运算符一起使用时,数组名代表整个数组。例如,在 sizeof(array) 中,array 表示整个数组的大小。

(3) 数组类型是根据其元素的类型和数量确定的。例如,int a[10]; 和 int b[9]; 定义的是两种不同的类型,分别是 int[10] 和 int[9]。这意味着即使两个数组的元素类型相同,但只要它们的长度不同,它们就是不同的类型。如 int a[10]; 和 float b[10]; 的数组,a 和 b 代表两种不同的数据类型,分别是由整型和浮点型数据组成的 10 个元素的数组。

(4) 在其他情况下(不与地址运算符 (&) 或 sizeof 运算符一起使用时),数组名通常被视为指向其第一个元素的指针。例如,在表达式 array[0] 中,array 是一个指向第一个元素的指针。

(5) 在 C 语言中,当 a 是一个数组名时,"a[b] 表达式" 可用于访问数组中的元素。这个表达式遵循了 C 语言中数组和指针的关系规则。

具体来说,数组名在大多数上下文中被解释为指向数组第一个元素的指针,在 "a[b] 表达式" 中就是数组名作为指针用,b 是一个整数,表示从数组的起始位置开始的索引。

表达式 a[b] 和 *((a) + (b)) 是等价的。这意味着,当写 a[b] 时,实际上是在取得数组 a 的第 b 个元素。具体来说,a[b] 首先计算 a+b,这是一个指针运算,将指针 a 向前移动 b 个元素的位置,然后通过解引用运算符 * 获取该位置的值。

在"a[b]"表达式中,a 和 b 要求一个是指针(不是数组名,数组名用于此表达式时,只是把数组名当作指针用),另一个是整数。由于加法是交换律的,a[b] 和 b[a] 是等价的。所以,即使 b[a] 在逻辑上可能看起来不太直观,但在 C 语言中它是完全有效的,且与 a[b] 有着相同的意义。

数组名的值是数组元素存储空间的首地址,只可应用,不能修改。

四、实验内容

(1) 下列程序均可以为一维数组元素赋值,请输入程序并运行。比较各方法的不同。
① 在定义数组的同时对数组初始化,并输出数组名的值。数组名 a 作为指针。

```
/* 7-1.c 在定义数组的同时对数组初始化 */
#include "stdio.h"
int main(void)
{
    int a[4] = {5, 4, 9, 21};
    printf("\n%d %d %d %d\n", a[0], a[1], a[2], a[3]);
    printf("%ld\n",a);
    return 0;
}
```

写一段程序代码,用指针的形式输出数组 a 的所有元素值。即不用"a[b] 表达式"形式,而用 *(a+b) 形式。
② 使用语句为一维数组元素进行赋值。

```
/* 7-2.c 使用语句分别对每一个元素赋值 */
#include "stdio.h"
int main(void)
{
    int a[5];
    a[0] = 22;
    a[1] = 24;
    a[2] = 26;
    a[3] = 28;
    printf("\n%d %d %d %d %d\n", a[0], a[1], a[2], a[3],a[4]);
    return 0;
}
```

注意 a[4] 输出结果,并解释这种现象;把 printf 语句改成循环输出 a 中的 5 个元素值。第 i 个元素,可以用表达式 a[i] 或者 *(a+i) 表达,i 是变量。
③ 使用循环结构,从键盘输入数据对一维数组元素赋值,输出该数组的每一个元素值。

```
/* 7-3- 你的学号 .c */
#include "stdio.h"
int main(void)
{
    int i,a[5];
    for(i=0; i<5; i++)
        scanf("%d",&a[i]);
    printf("\n");
    for(i=0; i<5; i++)
        printf("%d ",a[i]);
    printf("\n");
    return 0;
}
```

把 scanf("%d",&a[i]); 中的 &a[i] 和 printf("%d ",a[i]); 中的 a[i],分别均改写成 a+i 形式的表达式。

(2) 编写一程序,为一维数组 a 中的元素赋值,并按照逆序输出。

这里要注意是逆序输出,可以在 for 循环语句中,把循环变量 i 的初始值设定为一维数组元素个数减 1,for() 中的表达式 2 写成 i>=0,表达式 3 写为 i--。

```
/* 7-4- 你的学号 .c */
#include "stdio.h"
int main(void)
{
    int i, a[10], *p;          // 定义循环变量 i 和一维数组 a
    p=a;                       //p 指向 a 的第一个元素
    for (; p <a+10; p++)       // 输入各元素值,p++ 后,p 指向 a 的下一个元素
        scanf("%d", p);
    // 上述循环结束后,p 指向 a 数组的最后一个元素的后面
    for (p=p-1;p>=a;       )   /* 在 () 中补充代码,能按照逆序输出值 */
        printf("%d ", *p);      // *p 也可以写成 p[0]
    printf("\n 各元素地址 :\n");
    /* 在此补充代码,输出各元素的地址,注意格式控制符用 %ld */
    printf("\n");
    return 0;
}
```

执行上述程序后,分析一下各元素地址之间有什么规律? 不用 for 语句,改用 while 语句来实现,试写出程序代码并调试执行,并保留执行的结果截屏图片。

(3) 编写程序,输出一维数组 arr 中的元素最小值及其下标。

编程提示:

① 首先,定义一个变量 min,其类型与数组的元素类型相同。该变量用于存储数组中的最小值。初始化 min 为数组的第一个元素,即 min = arr[0]。接着,定义一个 unsigned int 类型的变量 pos,并将其初始化为 0,表示最小值的索引从数组的第一个元素开始检查。

② 使用循环结构,遍历数组中的每个元素。在循环中,检查当前元素 arr[i] 是否小于当前已知的最小值 min。如果是,更新最小值 min 为 arr[i],并将当前索引 i 赋值给 pos。

③ 循环结束后,变量 pos 存储了最小值的索引,而 min 存储了数组中的最小值。输出这两个值。

```c
/* 7-5.c 输出一维数组中元素的最小值及其下标 */
#include "stdio.h"
int main(void)
{
    int i, arr[10] = {9, 8, 7, 6, 1, 3, 5, 18, 2, 4};
    int min=arr[0];   /* min 用于存放最小值 */
    unsigned pos=0;   /* pos 用于存放最小值的下标 */
    /* 请在下面补充完整语句,也就是完成上述的② 、③ 两步 */
    return 0;
}
```

要求:分别用 for 循环和 while 循环加以实现,并保留各自结果,用于实验报告。

(4) 分别求出一维数组中下标为偶数和奇数的元素之和,并输出。

编程提示:

① 定义一个数组 arr 并初始化。假设定义的元素个数为 N(N 大于等于 4)。

② 定义两个整型变量 evensum 和 oddsum,用于存放下标为偶数和奇数的元素和,并把它们均初始化为 0。

③ 定义一个循环,选择执行两条语句:evensum+=*(arr+i); oddsum+=*(arr+i);。

④ 输出 evensum 和 oddsum 的值。

```c
/* c7-6.c */
#include "stdio.h"
#define N 10
int main(void)
{
    int k;
    /* 补充代码 */
    int i, evensum=0,oddsum=0;
    int arr[N];
    for(i=0;i<N;i++)
        scanf("%d",arr+i);
```

```
/* 补充代码,用循环求奇数项和偶数项的和 */
printf("evensum=%d,oddsum=%d\n", evensum,oddsum);
return 0;
}
```

(5) 编写程序代码,将 200 以内的素数存放到一个数组中。

❐ 编程提示:

① 定义数组:首先,定义一个足够大的数组来存储 200 以内的所有素数。由于我们不知道确切的素数个数,可以估计一个上限。例如,可以定义一个大小为 50 的数组,因为 200 以内的素数个数不会超过 50 个。

② 判断素数:编写一个函数来判断一个给定的数是否为素数。这个函数将遍历从 2 到该数的平方根之间的所有整数(包括 2 和平方根),检查给定数是否可以被它们整除。如果可以被任何一个数整除,则不是素数;否则,是素数。

③ 主循环:使用一个循环从 2 遍历到 200。对于循环中的每一个数,再用一个内部循环判断这个数是否是素数。如果一个数被判定为素数,将其存储在数组中。可以使用一个单独的计数器来跟踪数组中已存储的素数数量。

④ 输出结果:遍历数组,输出所有存储的素数。

可采用以下一些优化措施。

① 因为 2 为确定的素数,且最小,所以在定义数组时,可同时把数组用 {2} 进行初始化,并且把单独的计数器初始化为 1。

② 4 及以上偶数肯定不是素数,所以在外层循环中,只需考虑奇数的素数判断,这样可节省计算量。

(6) 编写把一个一维数组中的值按逆序重新存放。例如,原来的元素顺序为 1、2、3、4、5,要求改为按元素顺序为 5、4、3、2、1 的顺序存放(注意是逆序存放而不是逆序输出)。

❐ 编程提示:

① 定义和初始化数组:首先,定义一个一维数组,元素个数为 N(用 #define 指定)。这个数组可以通过直接初始化的方式赋值,例如 int arr[N] = {1, 2, 3, …};。也可以使用循环语句进行赋值,例如通过一个 for 循环逐个设置数组元素的值。

② 数组元素翻转:使用一个 for 循环来交换数组元素的位置。循环的索引从 0 开始,直到 N/2(不包括),在每次迭代中交换第 i 个元素(arr[i])和第 N-i-1 个元素(arr[N-i-1])。这样,第一个元素与最后一个元素交换,第二个元素与倒数第二个元素交换,依此类推,直到达到数组的中间位置。

③ 输出数组元素:使用另一个 for 循环遍历数组,顺序输出翻转后的数组元素。可以使用 printf 函数来打印每个元素。

五、实验注意事项

(1) 数组下标说明:在 C 语言中,数组的下标始终从 0 开始。因此,对于一个声明为 int

a[10]; 的数组,它包含 10 个整数元素,其下标范围从 0 到 9。这意味着数组的第一个元素是 a[0],最后一个元素是 a[9]。

　　(2) 数组初始化方法:一维数组的初始化可以通过多种方式进行。例如,int b[3] = {1, 2, 3}; 将数组 b 的三个元素分别初始化为 1、2、3。需要注意的是,数组名代表数组的首地址,是一个常量指针,因此不能被赋予其他值。

　　(3) 循环赋值:当需要为数组的多个元素赋值时,通常使用循环语句。循环中的索引变量作为数组下标,用于逐个访问并赋值数组的每个元素。例如:

```
int a[10],i;
for(i=0;i<10;i++)
    scanf("%d",&a[i]);
```

不能通过如下的方法对数组中的全部元素赋值。

```
int a[10],i;
scanf("%d",&a);
```

六、思考题

　　(1) 定义一个数组名为 score 且有 1 000 个 float 类型元素的一维数组,同时给每个元素赋初值为 0,请初始化数组。如果定义完数组后,给第 3 个元素赋 1,第 800 个元素赋 5,其余元素均为 0,该如何做?

　　(2) 选择排序算法是一种用于对一维数组进行排序的方法,这里以升序排序为例。该算法的核心思想与冒泡排序类似,但其实现方式略有不同。在选择排序中,首先设定一个变量 pos 并初始化为 0。这个变量用于记录每次遍历中最小元素的位置。

　　算法的过程用两重循环:外循环和内循环。在外循环中,可从最后一个元素下标遍历到 1 ;pos 被设置为当前外循环的起始下标 0。内循环随后开始,将 pos 处的元素与其他元素进行比较。如果在内循环中发现有元素比 pos 处的元素小,则更新 pos 为这个更小元素的下标。

　　重要的一点是,在内循环期间,不进行元素交换,这与冒泡排序不同。只有在内循环完成后,才将 pos 处的元素与外循环当前索引处的元素交换。这样的操作减少了数据交换的次数,从而使选择排序在某些情况下比冒泡排序更高效。请补充代码。

```
#include "stdio.h"
int main(void)
{
    int a[10]={34,45,1,35,25,46,83,71,67,33};/* 定义循环变量 i 和一维数组 a */
    int pos=0,i,j;
    for (j=9; j>= 0; j--)
    {
        pos=0;
        for(i=0;i<=j;i++)
```

```
        {
            /* 补充完整代码,找出值最小处的下标 pos */
        }
        /* 补充互换数据的代码,把下标 pos 处的值与下标 j 处的值互换 */
    }
    for (int i = 0; i <10; i++) // 输出排序的数据
        printf("%d  ",a[i]);
    return 0;
}
```

(3) Fibonacci 数列是一个这样的数列,它的前两项均为 1,后面的每一项都是该项的前两项之和,试输出该数列的前一项与后一项的比值,共输出 20 个比值,并说明一下这些比值有什么规律。本题要求补全下面的代码。

```
#include "stdio.h"
int main(void)
{
    int i;
    // 添加代码,定义一个数组,存放 Fibonacci 数列前 21 项的值,并初始化前两项为 1
    // 添加代码,输出第一个比值 1
    for (i = 1; i <=20;)    // 注意这里没有写表达式 3
    {
        // 补充代码。先求出第 i+1 项的值,然后求第 i 项与它的比值,并输出

    }
    return 0;
}
```

(4) 定义元素数据类型不同的多个一维数组,分别用格式控制符 %d 输出:sizeof(数组名),sizeof(数组元素类型),总结一下这两个值之间有什么规律。

(5) 定义一个一维数组 Aarr,输入 10 个整数,这些整数中可以有相同的。编写一个程序,把数组 Aarr 中不同的整数输入到另一个一维数组 Barr 中,即 Aarr 中相同的整数只输入一个到 Barr 中。

(6) 定义数组 int A[10]={1,2,3,4,5,6,7,8,9,10}; 和 int B[10]={10,9,8, 7,6,5, 4,3, 2,1};,把数组 A 中能被 2 整除的元素下标输入到数组 C 中,然后把 B 中凡是下标在 C 中的元素值改成 0,并输出 B。

提示关键步骤:

① 查找 A 中偶数元素的下标:遍历数组 A,对于数组 A 中的每个元素,检查它是否能被 2 整除(即判断是否为偶数)。如果元素是偶数,则将其下标存入数组 C,并更新 C 的大小计数器,如 c_size++。

② 修改数组 B：遍历数组 C，对于数组 C 中的每个元素（存放的是 A 数组中偶数元素的下标，共有 c_size 个），将数组 B 中对应下标的元素值设置为 0。代码为：

```
for (i=0; i < c_size; i++)
{
    B[C[i]] = 0; //或者写成:*(B+C[i])=0;,此处数组名 B 被用作指针
}
```

（7）一维数组可以用于表示一个向量，定义两个相同长度的一维数组，存入两个维数相同的不同向量，求这两个向量的内积。内积的值如果是 0，表示这两个向量垂直，但工程中如果两个向量的内积非常小，也认为这两个向量垂直，给出自己的阈值，以确定两个向量是否垂直。

（8）长度为 n 的一维数组也可以用于表示一个 n 维空间上一个点的坐标（如果 n 为 3 就是空间点坐标，如果 n 为 2，就是平面点坐标），现有 3 个 n 维空间上的点 A、B、C，求 A 点到 B 点、C 两点的欧氏距离哪个最近？ 数据自己输入。

假设 A、B 两点的坐标分别为 $(a_1, a_2, \cdots, a_n)$ 和 $(b_1, b_2, \cdots, b_n)$，则它们之间的欧氏距离为：$\sqrt{(a_1 - b_1)^2 + (a_2 - b_2)^2 + \cdots + (a_n - b_n)^2}$。

（9）一个一维数组中存放着一个班级某门课的成绩，编程求出此门课的及格率、平均值、方差和中位数。

（10）如果有两个元素数据类型相同的一维数组，编程把这两个数组元素首尾连接到一个新的一维数组中。

（11）如果一维数组 Arr 中有 100 个元素，现有 int 型一维数组 Index，其元素值为 0 ～ 99 中 10 个不同的值，请编程把 Arr 中下标为 Index 元素值的元素均赋成 1。

（12）现有一维数组 Aarr[N1]，N1 自己给出，它们的元素类型为 char 型，请编程输出 Aarr、Aarr+N1 和 sizeof(char) 的值，调整元素类型和 N1 的值，多次运行，试着发现这 3 个值之间的关系。结合一维数组元素在内存中的存储方式，解释为什么会出现这种关系。

一、实验学时

2 学时

二、实验目的

（1）掌握二维数组的定义、初始化、赋值的方法。

（2）掌握二维数组的本质意义，以及数组名、数组名 [行下标] 以及数组名作为数据名的意义。

（3）掌握与二维数组有关的算法，如相加、矩阵转置等。

（4）掌握在程序设计中使用数组的方法。数组是非常重要的数据类型，循环中使用数组能更好地发挥循环的作用，有些问题不使用数组难以实现。

三、预习要求

（1）二维数组也是派生类型，它由一维数组派生。掌握二维数组定义及初始化以及二维数组中各变量的存储规则。

（2）二维数组名的数据类型是整个二维数组，它的元素是一个一维数组。

二维数组的行数、列数和变量数据类型，决定了二维数组名表示的数据类型不同。比如 int arr[10][5];，则 arr 表示的数据类型是整个二维数组，数据类型表示为 int[10][5]。比如 int brr[10][4];，则数组 brr 表示的数据类型与 arr 表示的数据类型不同，因为 brr 数据类型是 int[10][4]。比如 float crr[10][5];，则 crr 表示的数据类型与 arr 和 brr 均不同，因为 crr 的元素的数据类型是 float[10][5]。

（3）二维数组名在运算符 & 与 sizeof 结合时，作为二维数组使用。在其他情况下，均作为指针使用。

（4）二维数组名作为指针时，其值是二维数组首个元素的地址。在 C 语言中，"二维数组名 [i]" 可作为每一行的一维数组名，且具备一维数组同样的性质。

比如，int arr[10][5]; 中，arr[i] 可以看成是二维数组第 i 行这个一维数组的数组名。arr[i] 作为指针指向 arr[i][0] 这个变量，也就第 i 行这个一维数组的首个元素。

因为 "一维数组名 [下标]" 得到一个一维数组下标处的变量。对于二维数组中的 arr[i][j]，可看成是 arr[i] 这个一维数组名加上下标 [j]。

根据 a[b] 表达式，从指针的角度来看，arr[i] 为 *(arr+i)，这里 arr 作为指针指向的数据类型是 int[5]，则 arr+i 指向的数据类型也为 int [5]，*(arr+i) 按运算符 * 的规则，是获取整个第 i

行,但这种派生类型,C语言中均用指向它的首个元素的指针表示,因此 *(arr+i) 指向 int 型,也就是 arr[i] 作为指针指向 int 型。

进一步地,因为 arr[i][j] 就是 *(arr[i]+j),则 arr[i][j] 就是 *(*(arr+i)+j),也可以写成表达式 (*(a+i))[j]、j[a[i]]、j[*(a+i)]。

(5) 指向一维数组的指针。可定义一个一维指针变量指向一个一维数组,如 int (*p)[N];,定义一个指针变量 p,它指向的数据类型是 int[N]。一个二维数组名 A,如果作为指针,与 p 指向的数据类型相同,则可以用 p=A;,即让 p 指向 A 的首个元素,此时根据"a[b] 表达式",表达式 p[i][j] 与 A[i][j] 是相同的。

在 p++ 后,p 指向第二行,即第二个元素。很明显地,此时表达式 p[i][j] 与 A[i+1][j] 是相同的。

四、实验内容

(1) 二维数组的初始化,即给二维数组的各个元素赋初值。下面的几个程序都能为数组元素赋值,请输入程序并运行,比较这些赋值方法有何异同。

① 在定义数组的同时对数组元素分行初始化。

```c
/* c8-1.c 二维数组的初始化 */
#include "stdio.h"
int main(void)
{
    int i,j,a[3][3]= {{21,22,23} , {24,25,26} };
    int b[3][3]={1,2,3,4,5,6};
    for(i=0; i<3; i++) {
        for(j=0; j<3; j++)
            printf("%d  ",a[i][j]);
        printf("\n");
    }
    /* 加入代码使 b 数组中的各数据分行输出 */
    return 0;
}
```

② 定义一个二维数组 arr[3][4],并用循环赋初值,然后计算所有变量的和。

```c
/* c8-2.c 二维数组的初始化（不分行）*/
#include "stdio.h"
int main(void)
{
    float i,j,a[3][4];
    float sum_a=0;
```

```
for(i=0; i<3; i++) {
    for(j=0; j<4; j++)
        /* 加入输入数据并计算和值的代码 */
}
/* 加入代码输出 sum_a */
    return 0;
}
```

③ 为部分数组元素初始化。

例如,数组定义语句为:int i,j,a[2][3] = {{1,2},{4}};

④ 可以省略第一维的定义,但不能省略第二维的定义。

例如,int a[ ][3] = {1,2,3,4,5,6};

分别指出③、④两种方式下,数组 a 中各元素的值。

(2) 求一个 4×4 矩阵的主对角线元素之和,填空并运行程序。

➡ **编程提示:**

① 定义一个 4 行 4 列的二维数组 a。

② 可利用双重循环的嵌套为该二维数组的各个数组元素赋值,一般格式为:

```
for(i=0; i<4; i++)
    for(j=0; j<4; j++)
        scanf("%d",&a[i][j]);        //注意这里的 a 中变量的接收
```

③ 编程用一个循环分别求一个方阵中主对角线和辅对角线上各数据的和。主对角线上数据下标的特征是:行下标和列下标相同。辅对角线上数据下标的特征是:行下标和列下标的和为方阵的行数 −1(要求用指针完成)。

```
/* c8-3.c 求一个 4×4 矩阵的主对角线元素之和 */
#include "stdio.h"
int main(void)
{
    int a[4][4]= {{11,12,13,14} , {15,16,17,18} , {13,19,10,12} , {14,12,9,8} };
    int i,Msum=0,Asum=0,(*p)[4]=a;    //定义了指向一维数组的指针变量 p
    for(i=0; i<4; i++)
    {
        /* 加代码,把对角线上的数据分别放在变量 Msum,Asum 中,
           要求不用 a 而用 p 进行 */
    }
    /* 加代码,输出 Msum,Asum */
    return 0;
}
```

（3）杨辉三角形的每行行首与每行结尾的数都为 1，而且每个数等于其左上及其右上两数的和，杨辉三角形的第 n 行是 $(a+b)^n$ 的展开系数。编程打印杨辉三角形（要求打印出 9 行）。

```
                1
              1   1
            1   2   1
          1   3   3   1
        1   4   6   4   1
      1   5   10  10   5   1
    1   6   15  20  15   6   1
  1   7   21  35  35  21   7   1
1   8   28  56  70  56  28   8   1
```

➲ 编程提示：

① 当使用二维数组存储杨辉三角形时，可以观察到以下特点：杨辉三角形的每一行对应二维数组的一行，并且数据按顺序存放。在这种存储结构中，二维数组的第一行只包含一个元素，即 1。从第二行开始，每行的开头和结尾元素都是 1。具体而言，二维数组中的第 n 行（n ≥ 1），其第一个元素（即该行的起始元素）和最后一个元素（即该行的结束元素）的值均为 1。对于除起始和结束元素外的其他元素，每个元素的值是其左上方的元素和右上方元素的和。即对于第 n 行的第 k 个元素（1 < k < n），其值等于第 n-1 行的第 k-1 个元素和第 k 个元素之和。

② 定义一个 9×9 的二维数组 a。且赋初始 a[0][0]=1；a[1][0]=1；a[1][1]=1；

③ 从第 3 行开始到第 9 行，用一个循环给杨辉三角的每一行赋值。因为每一行的第一个数据和最后一个数据为 1，因此，给第 i+1（因为 i 从 0 开始算）行数据赋值时，在内循环开始前，a[i][0]=1，内循环结束后，再把 a[i][i]=1。对于第 i+1 行的其他数据就是 a[i][j]=a[i-1][j-1]+a[i-1][j]。

④ 用二维数组完成杨辉三角各值的计算后，再用一个两重循环输出杨辉三角形。注意到对于第 i 行，前面需要输出的空格数要进行编程处理，这个处理要先用一个循环来输出，例如，对于第 i 行，先输出 (N-i-1)*3 个空格。然后再用一个循环输出该行的每一个数据，每个数据占用 6 个空格的位置并且采用左对齐的方式。请考虑用指针实现。

```c
/* c8-4.c打印杨辉三角 */
#include "stdio.h"
#define N 9
int main(void)
{
    int a[N][N],i,j;
    a[0][0]=1;a[1][0]=1;a[1][1]=1;
    for(i=2; i<N; i++)
    {
        a[i][0]=1;                    //把第 i+1 行的第一个 1 赋给 a[i][0]
```

```
        for(j=1; j<i; j++)              //计算第 i+1 行中,两个 1 之间的数据并赋给 a[i][j]
            /* 补充代码 */
        //把第 i+1 行最后一个 1 赋给 a[i][j]。注意 for 循环结束后,j 的值为 i
        a[i][j]=1;
    }
    for(i=0; i<N; i++)
    {
        for(j=0; j<(N-i-1); j++)  //输出每一行前面的空格
            /* 补充代码 */
        for(j=0; j<=i; j++)              //输出每一行的数据
            /* 补充代码 */
        printf("\n");
    }
    return 0;
}
```

（4）计算一个班级中 50 名学生的成绩。每位学生有 4 门课程的考试成绩。程序将输出以下内容:每位学生的总成绩和平均成绩,以及每门课程的总平均成绩。

考虑到手动输入大量数据的不便,代码采用了一种自动生成随机数的方法来模拟学生的考试成绩,这种方法适用于程序的测试和验证。在实际应用中,通常会将学生成绩存储在文件中,程序通过读取这些文件来获得成绩数据。代码如下:

```
int myRandom()
{
    double value,u1, u2;
    double mean = 75.0;          //选取的均值,可根据需要调整
    double std_dev = 12.5;       //选取的标准差,根据实际情况调整
    double gaussianRandom;
    u1 = rand() / (RAND_MAX + 1.0);
    u2 = rand() / (RAND_MAX + 1.0);
    //使用 Box-Muller 变换。
    gaussianRandom=sqrt(-2.0 * log(u1)) * cos(2.0 *3.14159265 * u2);
    value = gaussianRandom * std_dev + mean;
    if (value < 0) return 0;
    if (value > 100) return 100;
    return (int)value;
}
```

使用时,把这段代码放在 main() 函数前面,它的功能是返回一个 0 到 100 之间的整数,多次使用生成的整数基本服从均值为 75,标准差为 12.5 的正态分布。

⬦ 编程提示:

① 因为有 50 个学生,每个学生有 4 门课的成绩,因此,设定一个二维数组 score[50][4] 以存放这些成绩。并定义四个变量 sum_1、sum_2、sum_3、sum_4 存放每一门的总成绩,并初始化为 0。

② 因为要求每一个学生的平均成绩,因此可以用一个循环遍历二维数组的每一行,在循环中,把该行的数据相加,然后输出总成绩和平均值。因为最后要取各门的平均分,所以在这个循环中,把每一门的成绩加到 4 个变量 sum_1、sum_2、sum_3、sum_4 中。

③ 输出 sum_1,sum_2,sum_3,sum_4。

```c
/* c8-5.c 学生成绩处理 */
#include "stdio.h"
#include <stdlib.h>
#include <time.h>
#define N 50 // N 为学生的个数
// 此处加入 myRandom 函数代码
int main(void)
{
    int i,j,a[N][N];
    float sum_1=0,sum_2=0,sum_3=0,sum_4=0;
    /* 初始化随机数发生器 */
    srand((unsigned) time(0));
    /* 输出 0 到 50 之间的 N 个随机数 */
    for( i = 0 ; i < N ; i++ )
    {
        // 用 myRandom 函数得到随机数
        a[i][0]=myRandom();
        a[i][1]=myRandom();
        a[i][2]=myRandom();
        a[i][3]=myRandom();
    }
    for( i = 0 ; i < N ; i++ )
    {
        /* 补充代码 */
    }
    printf("\n total avg: %5.1f%5.1f%5.1f%5.1f\n", sum_1/N, \
        sum_2/N, sum_3/N, sum_4/N);
    return 0;
}
```

(5) 应用 c8-5.c 中的随机数,给一个二维数组 arr[400][400] 赋数据,并求出这个二维数组 arr 中的最大值和最小值并输出。

👉 **编程提示**:首先,定义一个二维数组,并使用随机数填充其每个变量数据。接着,定义两个变量 max 和 min,并将它们都初始化为数组的第一个变量 a[0][0]。通过一个嵌套循环(两重循环),遍历二维数组中的所有元素。在遍历过程中,如果某个变量值大于 max,则更新 max 为该变量值;类似地,如果某个变量值小于 min,则更新 min 为该变量值。循环结束后,输出 max 和 min 的值。

```
/* c8-6.c 求二维数组中各变量的最大值与最小值 */
#include "stdio.h"
#include <stdlib.h>
#include <time.h>
#define N 400 //N 为学生的个数
int main(void)
{
    int i,j,a[N][N];
    /* 初始化随机数发生器 */
    srand((unsigned) time(0));
    /* 输出 0 到 1500 之间的 N 个随机数 */
    for( i = 0 ; i < N ; i++ )
    {
        for(int j=0;j<N;j++)
            *(a[i]+j)= rand()% 1500;
    }
    /* 补充求最大值和最小值的代码 */
    // 输出 max 和 min
    return 0;
}
```

(6) 一个方阵,它的下三角形矩阵均为 1,其余元素从第一行起逐渐加 1,如下所示。

```
1   2   3   4   5
1   1   6   7   8
1   1   1   9   10
1   1   1   1   11
1   1   1   1   1
```

试编写一个程序,自动生成这样的矩阵,并输出。

👉 **编程提示**:设定一个二维数组名 arr。我们注意到,如果某变量 arr[i][j] 的行下标大于等于列下标,则这个变量数据就是 1,此时,arr[i][j]=1;即可。当行下标小于列下标时,该行的前一列的值比后一列小 1,且该行的第一个非 1 值是前一行的最后一个值加 1。

所以可以首先定义一个 int 型变量 x 并初始化为 1,然后用一个两重循环,以行优先的顺序遍历二维数组的每一个变量,当行下标 i 大于等于列下标 j 时,执行 a[i][j]=1;,否则执行 a[i][j] = ++x;。

```
/* c8-7.c 自动生成一个方阵 */
#include "stdio.h"
int main(void)
{
    int i,j,k,a[5][5];
    int x=1;
    for(i=0; i<5; i++)
        for(j=0; j<5; j++)
            /* 补充代码 */
    for(i=0; i<5; i++)  // 分行输出矩阵中的每一个数据值
    {
        /* 补充代码 */
    }
    return 0;
}
```

(7) 编程实现方阵(如 3 行 3 列)的转置,并输出。例如,原来的矩阵为:

```
1  2  3
4  5  6
7  8  9
```

转置后的矩阵为:

```
1  4  7
2  5  8
3  6  9
```

输出转置后的方阵。

➲ **编程提示**:这个转换只要用一个两重循环遍历下三角矩阵的每一个数据(即在行下标大于列下标处的数据),并且把下标 i、j 处的数据与下标 j、i 处的数据互换即可。注意进行互换时,不要遍历方阵中所有变量,试分析如果这样会产生什么结果,写出代码并解释。

(8) 阅读下列程序代码,解释指向一维数组的指针的意义。

在 C 语言中,定义一个指向一维数组的指针变量需要指定数组的数据类型和元素个数。

这是因为不同长度或元素数据类型的一维数组被视为不同的类型。例如,声明 float (*p)[6]; 表示 p 是一个指针,它指向一个包含 6 个 float 型数据的一维数组。在给 p 赋值时,应确保赋予它的指针指向一个具有 6 个 float 型数据的数组,以保持类型一致性。阅读下列代码,并回答问题。

```c
#include <stdio.h>
int main(void)
{
    int sum = 0,i;
    int product = 1;
    int arr[6] = {1, 2, 3, 4, 5,6};
    int matrix[3][6] = {
        {11, 12, 13, 14, 15,16},
        {17, 18, 19, 20,21,22},
        {23, 24, 25,26,27,28}
    };
    int *ptr = arr;
    int (*arrptr)[6] = &arr;
    printf("ptr Bytes: %x  arrptr Bytes:: %x\n", sizeof(ptr), sizeof(arrptr));
    /* 这里要注意,*ptr 是 int 类型,*arrptr 是 int [6] 类型,
    不过 ptr 和 arrptr 都是指针变量。*arrptr 与 arr 的数据
    类型一致吗,为什么? */
    printf("*ptr Bytes: %x *arrptr Bytes: %x\n", sizeof(*ptr), sizeof(*arrptr));
    // 下面是使用指向一维数组的指针访问数组元素,
    // 求出一维数组各元素的和和乘积
    for(i = 0; i < 6; i++)
    {
        /* 下条语句 *arrptr 可以作为数组名,它的值是地址。*arrptr
        指向的数据类型是什么? */
        sum += (*arrptr)[i];
        /*
        下条 arrptr[0] 和 *arrptr 是同类型的指针值吗? 为什么?
        */
        product *= arrptr[0][i];
    }
    printf("sum: %d\tproduct: %d\n", sum, product);
    // 下面是利用指向一维数组的指针对二维数组进行操作的实例,
    // 并回答注释中提出的问题
    arrptr = matrix;                // 也可以写为 arrptr = &matrix[0]
```

```
    arrptr[0][0]++;                    // 相当于 matrix[0][0]++,是对第一个数据本身加 1
    printf("matrix[0][0]: %d\n", matrix[0][0]);
    (*(arrptr + 1))[0]++;              // 相当于 matrix[1][0]++,为什么?
    printf("matrix[1][0]: %d\n", matrix[1][0]);
    arrptr[2]++;                       // 自增的写法对吗? 为什么?
    printf("matrix[2][0]: %d\n", arrptr[2][0]++);
    return 0;
}
```

在 C 语言中,"a[b] 表达式"是灵活的,其中 a 和 b 可以是表达式,只要一个表达式的结果是指针,另一个表达式的结果是整数。例如,(*(arrptr + 1))[0] 中,arrptr 是一个指向一维数组的指针。这表明,通过适当的表达式,可以访问存储在数组中的数据。

C 语言允许我们定义指向任何具有固定数据类型的内存区域的指针。数组就是这样一种类型,它在内存中占据连续的空间,并存储特定类型的元素。因此,数组的定义需要指定元素的类型和数量,以确保内存区域的大小是固定和明确的。不同元素数量的数组,即使元素类型相同,也被视为不同的数据类型。

五、实验注意事项

(1) 与一维数组类似,二维数组的行和列的下标最小值为 0。定义一个二维数组时,[] 中的数据指定的是行数和列数,这个定义指定编译器为这个二维数组申请多少个指定数据类型的空间。一旦定义完成后,对各变量进行引用时,最大的下标只能是定义的个数减去 1。

例如,有定义:int arr[20][30];,则引用时,数组 arr 的行下标的最大为 19,列下标最大为 29。

(2) 二维数组实质上是以一维数组(二维数组的一行)作为元素的一维数组。它的数组名不是一个变量,其值不可更改。数组名的值是数组各数据空间的首地址。"二维数组名 [行下标]"可以看成是此行这个一维数组的数组名,它的值是该行数据的首地址。

(3) 二维数组可以看成是一维数组作为元素的一维数组。

(4) 二维数组名 arr 用在表达式 arr[i][j] 中,arr 是作为指针用的,这个指针指向数组的第一个元素,即第一行。根据 "a[b] 表达式",这里的表达式 (arr+1)[i][j] 相当于 arr[i+1][j]。

(5) 在 C 语言中,可以使用指向一维数组的指针变量来操作二维数组。如果二维数组的名称和指针变量指向的数据类型相同(即元素类型和数量相同),那么可以直接将二维数组的名称赋值给这个指针变量。这种方法可以更灵活地处理二维数组中的数据。例如,定义一个二维数组 float a[5][3] 和一个指向一维数组的指针变量 (*p)[3]。由于 a 的类型为 float[3](代表一个包含 3 个浮点数的数组),这与 p 指向的数据类型相同,因此可以通过 p = a; 来赋值,这样 p 就可以用来访问和操作 a 中的数据了。

六、思考题

(1) 定义一个二维数组 double Arr[3][4],输出 sizeof(Arr)、sizeof(Arr[0]) 和 sizeof(Arr[0]

[0]) 的值,探索这 3 个值之间的关系。并说明哪个值是一个二维数组的一个元素值所占内存的大小。Arr 和 Arr[0] 作为指针,它们指向的数据类型分别是什么? 如果有 double *p;,则 p=Arr[0];,则 *(p+1) 的值是 Arr 数组中的第几行第几列的变量值?

(2) 二维数组名 A 是否可以作为一个变量来使用? A[0] 呢? A[0] 可以作为这个二维数组中第 0 行的数组名吗? 如果有指向一维数组的指针变量 p,其指向的数据类型与 A 作为指针指向的类型相同,则在执行 p=A+2; 后,p 指向 A 的哪个元素? 此时表达式 p[i][j] 是 A 中的哪个变量?

(3) 编程验证一个二维方阵是否是对称矩阵,要求用指向一维数组的指针实现。

(4) 有两个矩阵,大小分别为 M*N 和 M*K,后者直接接入前者的后面,形成一个 M*(N+K) 的矩阵,并输出;有两个矩阵,大小分别为 M*N 和 K*N,把前者放在后者的下面,形成一个新的大小为 (M+K)*N 的矩阵,并输出。

(5) 有两个矩阵,大小分别 M*N 和 N*K,计算它们的积,并输出结果。

提示:两矩阵用二维数组 A 和 B 表示,其乘积的结果用二维数组 C 表示,则 C 的行数为 M,列数为 N。C 中 i 行 j 列的变量 $C[i][j]=\sum_{k=0}^{N-1}A[i][k]*B[k][j]$。其中 i 从 0 到 M-1,j 从 0 到 K-1。所以,可用一个三重循环实现计算两个矩阵相乘,外边两层分别把 i 从 0 遍历到 M-1,j 从 0 遍历到 K-1,第三重循环实现 $C[i][j]$ 的计算。

(6) 定义一个二维数组存放一个矩阵的各元素值,然后把矩阵最外围各数据的值均赋值成 1,并输出出来。

(7) 定义一个二维数组 p[30][10],用于存放 30*10 个概率值,输出每一行最大值所在列下标,并顺序放在一维数组 arr[30] 中。如果有一个一维数组 Y[30],已经存放了 30 个列下标(范围在 0～9 整数),试求出 arr[30] 中下标正确率是多少? (如果 arr[i] 与 Y[i] 相等则表示下标正确,否则算不正确。正确个数与 30 之比为正确率。)

为避免在练习过程中手工输入大量概率值和下标值,可以用以下循环输入随机值,在实际工程中,这些值一般是从事先准备好的文件中通过编程直接读取。

```
srand(time(NULL));
for(int i=0;i<30;i++)
    for(int j=0;j<10;j++)
        p[i][j]=rand()*1.0/RAND_MAX;
```

这里,RAND_MAX 是 C 语言用 rand() 能获取的随机数的最大值,把获取的随机数除以这个最大值,是保证概率值在 0～1。要正确使用这个值,需在代码中加入 #include <stdlib.h>。

Y[30] 也可以仿照类似的方法去随机化初始值,其元素值只能是 0～9 中的一个整数,可以用 rand()%10 获取 0～9 的一个值。

(8) 定义一个二维数组 int Arr[100][200],用 rand 函数输入初始值,用一个单循环编程找出二维数组中的最大值和最小值,并输出这两个值的行、列下标。

➡ 编程提示:因为二维数组是以行优先顺序存储各变量的,因此可以定义一个指针变量 int *p=Arr[0];,然后用一个单循环,循环变量 i 从 0 到 20 000-1,则 p[i] 遍历二维数组的每一个变量。

（9）数字图像通常使用二维矩阵来存储每个像素点的颜色值。在灰度图像中,这个二维矩阵存储的是像素点的亮度值,这些值是 0 ～ 255 之间的整数。编写一个程序来输出灰度图像中每个亮度值的出现概率(共 256 个概率值)。

实例:

假设一幅图像中的亮度值 $\begin{bmatrix} 25 & 34 & 45 \\ 12 & 25 & 34 \\ 45 & 23 & 25 \end{bmatrix}$,则亮度为 25 出现的概率是 3/9,亮度为 34 和 45

出现的概率均为 2/9,亮度 12 和 23 出现的概率均为 1/9。其余在 0 ～ 255 之间的概率值均为 0。

编程思路:假设灰度图像用二维数组 int img[M][N] 表示。首先,定义一个一维数组 float p[256] 用于存储亮度值的概率,并将其初始化为 0。使用一个嵌套循环遍历图像矩阵的每个变量(即像素点的亮度值),对每个像素的亮度值 img[i][j] 进行计数,即 p[img[i][j]]++。完成遍历后,计算每个亮度值的概率,方法是将 p[i] 除以总像素数 M*N,得到亮度值为 i 的概率。

（10）二维数组的元素是一个一维数组,"二维数组名 [N+1]" 和 "二维数组名 [N]" 的值之差值与其元素内存大小之间是什么关系? 编程自定义二维数组,输出这两个值,多次改变二维数组的定义,总结出其中的规律。

（11）有两个 4*5 的矩阵 A 和 B,其中 A 矩阵数据从键盘输入,B 矩阵中奇数行和奇数列处的值均为 0,其余各元素值为 2。请编程用二维数组的形式构建这两个矩阵,然后把 A 和 B 进行点乘(点乘即矩阵中行、列下标相同的值相乘,结果作为该行该列的值),并输出结果。点乘实例: $\begin{bmatrix} 1 & 2 \\ 3 & 4 \end{bmatrix} \cdot \begin{bmatrix} 2 & 3 \\ 4 & 5 \end{bmatrix} = \begin{bmatrix} 2 & 6 \\ 12 & 20 \end{bmatrix}$ 。

实验九　字符数组程序设计

一、实验学时

2 学时

二、实验目的

(1) 掌握字符一维数组的定义、初始化以及一维数组名的意义和应用。
(2) 掌握字符串处理函数的使用。
(3) 掌握字符二维数组的定义、初始化和二维数组名的意义及二维数组的应用。
(4) 掌握字符数组名的应用。

三、预习要求

(1) C 语言中字符串的存储表示。
(2) 字符数组输入输出的方法。
(3) 二维字符数组名的含义以及"二维数组名 [下标]"的意义和应用,这些与一般二维数组意义相同。
(4) 常用的字符串函数使用,重点注意的是字符串函数中的指针参数。如:

```
char* strcpy(char* dest, const char* src);
```

参数 dest 和 src 是指向字符的指针,表示把从地址 src 开始的所有字符顺序复制到 dest 开始的空间中,直到最后的 '\0' 为止。

如 char src[30]="you are a student",dest[20]="He is a worker";

如果想把 src 中的第 11 个字符以后所有字符复制到 dest 的第 9 个位置以后,则可以写成 strcpy(dest+8,src+10);,则 dest 字符串变为:He is a student。

四、实验内容

(1) 输入并运行下面的程序,观察程序运行的结果,并分析原因(注意程序第 4 行中没有英文字符,两个单引号之间是空格符)。

```
/* c9-1.c 字符数组的输出 */
```

```c
#include "stdio.h"
int main(void)
{
    char a[10]={ 'I', ' ' , 'a' , 'm', ' ', 'a', ' ', 'b' , 'o', 'y'};
    printf("%s\n",a); //结果为什么不对?
    return 0;
}
```

注意到 a 是一个一维数组的数组名,作为指针指向的数据类型是 char 型,其值为首个数组元素地址。%s 是从指定的首地址开始输出字符,直到遇到字符 '\0' 为止。

上面程序代码的运行结果是什么?为什么会出现这样的结果?如果将字符数组 a 的大小定义为 11,再运行程序,结果是什么?为什么这里字符数组的长度定义为 10 时不对,而定义为 11 时输出是正确的?

(2) 编程输入一行字符,字符个数不超过 50 个,分别统计出其中英文大、小写字母、空格及其他字符的个数,并输出。

⊕ **编程提示:**

① 定义一个一维字符数组 str[50],然后定义 4 个 unsigned 型变量,初始化为 0,分别用于统计大、小英文字母、空格及其他字符的个数。

② 因为有空格,所以用字符串函数 gets 来获取从键盘中输入的字符串。注意不要用 scanf 函数接收字符串数据,因为 scanf 通过 %s 获取字符串时遇到空格符后停止。

③ 用一个循环遍历 str 字符串的每一个字符,在循环体对每一种类型的字符进行个数统计。如果该字符是对应的字符,则相应的计数变量加 1。

④ 当循环运行结束,输出各计数器的值。

```c
/* c9-2.c 统计字符个数 */
#include "stdio.h"
int main(void)
{
    char str[50];
    int i=0;
    printf("please input a string\n");
    for(;*(str+i)!= '\0';)                    // 也可以写成:for(;str[i]!= '\0';)
    {
        /*补充代码*/
    }
    /*补充输出各类型字符个数的代码*/
    return 0;
}
```

(3) 编程用 getchar() 从键盘接收一组字符,字符只有英文字母和空格。试输出该组字符有

多少个单词。(注意,输入时可以是空格开始,一个单词之间可以间隔多于一个的空格)

➥ 编程提示:

① 在字符串中,单词通常由空格分隔。因此,遍历字符串的每个字符时,遇到空格可视为新单词的可能起点。

② 字符串可能在单词间有多个连续空格,开头和结尾也可能包含空格。因此,仅凭空格来判定单词边界可能不准确。

③ 一种有效的解决方法是:使用循环遍历每个字符。设置一个标志变量(例如命名为word),初始值为 0,表示可能遇到新单词的开始。遇到非空格字符时,若 word 为 0,则认为是一个新单词,单词计数加 1,并将 word 设为 1。当再次遇到空格时,将 word 重置为 0。通过这种方法,即使在字符串中遇到连续空格或单词内含多个字母,该算法也能准确统计单词数量。

```c
/* c9-3.c 统计一个字符串的单词个数 */
#include <stdio.h>
int main(void)
{
    char ch;
    int i,count=0,word=0;      // word 为标记变量,count 为单词个数
    printf("please input a string:\n");
    while((ch=getchar())!='\n')
    {
        /* 补充代码,计算单词的个数 */
    }
    printf(" 总共有 %d 个单词 \n",count);
    return 0;
}
```

(4) 编写一个程序,实现将字符串 2 连接到字符串 1 的后面并输出,请补充完整,不能用 strcat 函数。

➥ 编程提示: 首先,使用一个循环找到字符串 1(假设为 char str1[])的结尾,即空字符 '\0' 的位置。这可以通过遍历 str1 并检查每个字符是否为 '\0' 来实现。找到结尾后,记录下这个位置,记为 len,这是字符串 1 的长度。接着,使用另一个循环将字符串 2(假设为 char str2[])的每个字符顺序赋值到 str1 中 len 索引之后的位置。这个循环遍历 str2 中的每个字符,直到遇到 str2 的结尾 '\0'。在循环结束后,将字符 '\0' 添加到 str1 的末尾,以确保连接后的 str1 是一个正确格式化的字符串。

```c
/* c9-4.c 字符串连接 */
#include "stdio.h"
int main(void)
{
```

```
    char str1[80]="This Is a ",str2[80]="c Program";
    printf("String1 is: %s\n",str1);
    printf("String2 is: %s\n",str2);
    int i, len=0;                          // 存放第一个字符串的长度
    for(len=0;str1[len]!= '\0';len++);     // 注意,最后有 ; 表示循环体是空语句
                                           // 此循环结束后,len 就是 str1 的长度
    // 下面的 for 语句把字符串 2 中的字符顺序赋给字符串 1 从 len 开始往后的空间
    for(i=0;*(str2+i)!= '\0';i++)          // 也可以写成:for(i=0;str2[i];i++)
        /* 补充代码 */
    str1[len+i]=str2[i];
    printf("Result is: %s\n",str1);
    return 0;
}
```

阅读代码,解释倒数第三条语句 str1[len+i]=str2[i]; 的作用是把 '\0' 赋给字符串 1 的最后。仅就本题的定义 char str1[80]="This Is a ",str2[80]="C Program"; 而言,语句 str1[len+i]=str2[i]; 可以省略吗? 为什么?

(5) 编程实现将一个字符串中的大写字母转换为小写字母并输出,第一个字母如果是大写,则不改变,请补充完整下列代码。例如,当字符串为 "This Is My Country",则输出 "This is my country "。

```
/* c9-5.c 把字符串中的大写字母都转换为小写字母,并输出 */
#include "stdio.h"
int main(void)
{
    char str[80]="This Is My Country";
    int i;
    printf("String is: %s\n", str);
    for (i=0; str[i]!='\0'; i++)
        /* 加入你的代码,把大写字母转换为小写字母。*/
    printf("Result is: %s\n",str);
    return 0;
}
```

思考:printf("String is: %s\n", str); 语句改成 printf("String is: %s\n", str+5);,结果输出什么?

(6) 有一个一维数组 arr,其元素个数为 5*N 个,元素数据类型为 float,把这些元素顺序分成 5 个一组,取出每一个组的开始元素的首地址,存放到一个一维指针数组 float* ptr[N] 的元素中,并利用 ptr 数组输出 arr 中每一组开始元素的值;然后输入一个组号,利用 ptr 把 arr 中该组的值全部输出出来。

⮕ **编程提示：**

一维指针数组本质上是一个一维数组，但其每个元素都是指针。这些指针指向的数据类型由数组定义时所用的类型决定。例如，float* ptr[N]; 中，数组元素的数据类型是 float*，即每个元素存放的是指向 float 型数据的指针。

若要通过这个指针数组访问另一个数组 arr 中的元素，可以使用循环赋值。例如，循环变量 i 从 0 到 N−1，在循环体中执行 ptr[i] = &arr[i*5];，这样 ptr 数组的每个元素就指向 arr 数组中每组的首元素。

为了输出 arr 中每组的第一个元素，不能直接打印 ptr[i]，因为它是指针。正确的方法是解引用指针，具体如下：

```
for(int i = 0; i < N; i++) {
    printf("%f ", *ptr[i]);              //假设 arr 中存放的是 float 类型数据
}
```

下一步，若要根据输入的组号输出 arr 中该组的所有数据，只需要输出 *(ptr[n]+i)，其中 n 是输入的组号，i 从 0 到 5（不包含 5）。试分析为什么？

（7）C 语言中的库函数 char *strstr(const char *source, const char *dst) 在字符串 source 中查找第一次出现字符串 dst 的位置值，没有找到则返回 NULL。

现有一个 5*20 的二维字符数组，编程输入 5 个字符串，现在要求，如果字符串中包含指定的字符串，比如第 i 行如果为 "char mod"，指定存放的字符串为 "mod"，则把该字符串整个换成 "exist"。

⮕ **编程提示：**

① 定义一个二维字符数组 str[5][20]，用循环输入 5 个字符串，这时注意到 str[i] 可以作为第 i 行这个一维字符数组的数组名。因此，输入数据时，可以直接用 gets（字符串名）来获取第 i 行的字符串。然后定义一个一维字符数组 ex[20]，并输入指定存放的字符串。

② 用一个循环遍历二维字符数组的每一个元素，即一行。这是一个字符串，用 strstr 函数找出该元素是否存在 ex，如果存在，则把字符串 "exist" 用 strcpy 函数复制到该元素字符串中。比如写成

```
if(strstr(str[i],ex))
    strcpy(str[i], "exist");
```

本题可以进一步考虑，如果不用 strstr 函数，如何判断在一个字符串 source 中是否存在指定的字符串 ex。

step 1 : i=0;j=0;

step 2 : 当 source[i] 不等于 '\0'，则 j=0;，转 step 3。

step 3 : 如果 ex[j] 的值不为 '\0'，比较 source[i+j] 与 ex[j]，如果相等，j 加上 1 继续 step 3；如果不等，转 step 4。

step 4 : 如果 ex[j] 的值为 '\0'，则存在 ex，输出 ex 在 source 字符串的位置 i，转 step 5，否则，i++;，转 step 2。

step 5：如果 source[i] 等于 '\0'，则 source 字符串中不存在 ex 字符串，输出 "No found"。

五、实验注意事项

（1）注意 C 语言中字符串是作为一维数组存放在内存中的，并且系统对字符串常量自动加上一个 '\0' 作为结束符，所以在定义一个字符数组并初始化时要注意数组的长度。

（2）注意用 scanf 函数对字符数组整体赋值的形式。

六、思考题

（1）对一篇英文文章进行关键词的统计用二维字符数组来存储。文章的行数和每行字数自定，并假设一个单词不分行写。

（2）一个二维字符数组中存放了 10 个单词，每行一个单词，试编程实现单词按英文词典的格式排序。

（3）下列代码中有语句 for(long q=0;q<20000000;q++);，试着把这条语句去掉再次执行代码，看看显示字符的时间上有什么区别。

```c
#include<stdio.h>
#include<string.h>
#define N 20
int main(void)
{
    char c[N]={"I Love China!!"};
    int j;
    for(j=0;j<strlen(c);j++)
    {
        printf("%c",c[j]);
        for(long q=0;q<20000000;q++);        //注意最后有；
    }
    return 0;
}
```

（4）一个字符二维数组定义如下：char str[5][20]={"word","kerel", "China", "image", "recognition"};。把所有单词在一行输出出来，单词中间用空格分开。再定义一个一维字符数组 char MergeStr[50]，把 str 中的单词按顺序存放到这个一维数组中，单词中间用空格分开。

（5）前一题中的第 5 个字符串 "recognition"，其值改由用户输入，并把最后一个单词与第一个单词互换，请编写相应程序代码。

（6）一维字符数组定义如下：char str[M];，M 由用户用 #define 指定，数组数据由用户输入。首先把数组中所有的 "tr" 替换成 "st"，然后把下标为奇数的字符换成大写，最后输出修改后的字符串。

(7) 定义一个一维字符数组:char str[100];,用户输入少于 100 个的字符后,把输入的字符在数组内存空间中居中存放,并在数组两边填满字符 "*"。

(8) 定义一个二维数组 char str[M][N];,输入 M 个字符串(使用 gets 输入一个字符串),要求把每个字符串中开始部分的所有空格字符都去掉,然后再存入数组的各行并输出。

➲ 编程提示:

① 定义一个临时字符串 temp[N],用 gets 把键盘输入的一个字符串输入到这个临时字符串中。

② 用一个循环找到 temp 字符串中第一个非空格的字符,确定它的下标 k。

③ 对于要输入 str 二维字符数组第 i+1 行的字符串,用 strcpy(str[i],temp+k); 进行复制。

(9) 把多个字符串存放在一个字符二维数组中,每个字符串占一行,找出其中含有 "ch" 的字符串,并把该字符串输出出来(用函数 strstr)。

(10) 一个字符二维数组,应用 gets 输入各行的字符串,并分列输出它们的值。把字符 '0' 替换成字符 '^',并输出。

(11) 下面的程序模拟了公共显示器上字符串从下往上的循环显示的过程。运行如下程序并分析程序中 while(1) 的作用。(system("cls"); 是调用 Windows 中的清屏命令)。

```
#include<stdio.h>
#include<windows.h>                  // 这是调用 system() 时需要用到的头文件
#define N 6
int main(void)
{
    char name[N][20]={"Zhang sai","Li si","Wang wu", \
                      "Li fei","Hong bing","zhong kui"};
    int score[N]={67,93,82,47,85,83};
    int k=0,i=0,num=0;
    while(1)
    {
        for(num=0;num<4;num++)        // 显示器一次输出 4 个姓名和成绩
        {
            printf("%-12s%-d\n",name[i],score[i]);    // 注意输出一个姓名的写法
            if(0==k)                  // 第一次每显示一行隔 500ms,以后一次性显示四行
                Sleep(500);
            i++;
            if(i==N)                  // 如果 i 输出到最后一个,则从头开始
                i=0;
        }
        Sleep(500);                   // 程序暂停 500ms,准备下次输出四行
        system("cls");                // 显示器清空
```

```
        i=i-3;                       //下一次输出四个行时,从上一次输出四行的第二个开始输出
                                     //这样从视觉看就是行往上移动
        if(i<0)
            i=i+N;
        k++;
        if(k>18)                     //演示时,随便给的一个数,以便退出循环
            break;
    }
    return 0;
}
```

如果使个人信息从左往右移动显示,如何修改程序? 注意最左边的字符逐个消失,最右边字符逐个出现。

这里提供一种编程思路。首先把每个人的信息合并到一个字符串中,然后根据前面代码思路进行编程。以下代码实现了合并字符串的功能,供参考。

```
#include<stdio.h>
#include<windows.h>
#define N 6
int main(void)
{
    char name[N][20]={"Zhang sai","Li si","Wang wu", \
                      "Li fei","Hong bing","zhong kui"};
    int score[N]={67,93,82,47,85,83};
    char namescore[100]={'\0'};      //用于存放合并的字符,注意进行初始化
    int ns=0,i,j,score_i;            //ns 控制 namescore 下标
    //用 for 循环把姓名和成绩顺序加入 namescore 中
    for(i=0;i<N;i++)
    {
        j=0;
        //第 1 步,把第 i 行的字符串加入 namescore 中
        while(name[i][j])
        {
            namescore[ns]=name[i][j];
            ns++;                    //为下一次输入调整下标
            j++;
            //以上三条语句可以合并成一条语句
            // namescore[ns++]=name[i][j++];
        }
        namescore[ns++]=' ';         //在姓名后加空格分隔
```

```
                        //第2步,把第 i 个成绩转换成字符加入 namescore 中
            score_i=score[i];              //把第 i 个成绩拿出来以便转换成字符
            while(score_i)                 //把整数成绩转换成字符加入 namescore 中
            {
                int yushu;
                yushu=score_i % 10;
                namescore[ns++]='0'+yushu; //数字转换成字符
                score_i=score_i/10;
            }
            namescore[ns++]=' ';           //在成绩后加空格分隔
        }
    printf("%s\n",namescore);   //此句用于显示合并存放后的结果,当从左到右显示时,可删除
}
```

实验十　　函数

一、实验学时

2 学时

二、实验目的

(1) 掌握函数的定义、类型、形参和实参、函数调用的基本概念。
(2) 掌握变量名作为函数参数的方法,熟悉函数调用的载入、运行和结束调用的过程。
(3) 掌握函数的嵌套调用、递归调用的方法。
(4) 掌握一维数组、二维数组作为函数参数的使用方法。
(5) 了解全局变量、局部变量的概念和使用方法。

三、预习要求

复习教材内容,重点掌握如下内容。
(1) 函数的定义、函数类型、函数参数、函数调用的基本概念。
(2) 函数的实参和形参之间的对应关系以及参数的传递机制是非常重要的。当一维数组作为实参传递给函数时,相应的形参可以使用两种形式定义:一种是使用"数据类型变量名[]",另一种是使用"数据类型 * 变量名"。在这两种情况下,变量名都被视为指向数组首元素的指针变量。

对于二维数组作为实参的情况,其对应的形参可以用"数据类型变量名 [][N]"或者"数据类型 (* 变量名)[N]"来定义。在这里,变量名同样是一个指针变量,而且这里的 N 必须与二维数组的列数相匹配,这是因为指针需要知道每行元素的大小来正确地进行索引操作。

(3) 函数名在 C 语言中可以被用作指针。要定义一个函数指针变量,需要指定它所指向的函数的类型,这由函数的返回值类型、参数个数、参数类型以及参数顺序共同决定。函数名可以作为实际参数传递给相应的函数指针形式参数。但是,重要的是确保函数指针变量和它所指向的函数具有相同的函数类型。这意味着它们的返回值类型和参数列表必须完全匹配。

(4) 全局变量、局部变量的概念和使用方法。

全局变量是在函数外部定义的变量,它们在程序的整个运行周期内都是有效的。全局变量可以被程序中任何函数访问和修改。使用时的注意事项如下。

① 作用域:全局变量在整个程序中都是可见的。它们的作用域从定义开始到程序结束。

② 初始化:如果未显式初始化,全局变量会被自动初始化为 0(对于基本数据类型)。

③ 命名:应谨慎命名,避免与局部变量重名,这可能导致意外的覆盖或错误。

④ 使用限制:应尽量限制使用全局变量,因为它们使程序的状态不容易追踪,增加了调试和理解代码的难度。

局部变量是在函数内部定义的变量,只在该函数的作用域内有效。它们在函数被调用时创建,在函数执行结束时销毁。使用时的注意事项如下。

① 作用域:局部变量只在定义它们的函数内部可见。

② 生命周期:局部变量的生命周期仅限于函数执行的时间。

③ 初始化:局部变量不会被自动初始化,使用前必须显式初始化,否则会包含随机值。

④ 递归安全:在递归调用环境中,每个函数调用都有自己的局部变量副本,这有助于保证数据的完整性。

四、实验内容

(1) 输入两个变量 x 和 n,n 为大于等于 0 的 int 型数据,x 为 double 型数据,编写一个函数 power 求x^n,并返回。并在 main 函数中加以调用验证。例如,输入:2.0,5,输出 2.00^5＝32.00。

提示:首先,定义一个函数,该函数应有两个形参,用于接收传递给该函数的 x 和 n 的值。重要的是确保 x 和 n 的数据类型相互对应,并且函数的返回类型应与 x 的 n 次方的结果类型一致。在函数体内,首先定义一个变量 S 并将其初始化为 1。接着使用一个循环结构,不断执行 S＊＝x 的操作,直至循环次数达到 n。

如果该函数的定义位于 main 函数之后,需要在 main 函数的开始处对这个函数进行声明。方法是将函数定义的首部复制过来,并在末尾加上分号";"。

```c
/* c10-1.c 利用函数 power 实现求 x 的 n 次方 */
#include "stdio.h"
int main(void)
{
    /* 此处声明 power 函数 */
    double x ;
    long int n;
    printf("please enter x and n(>=0): ");
    scanf(        );      /* 补充代码,获取输入值 */
    printf(        );      /* 补充代码,调用函数并输出结果,注意实参写法 */
    return 0;
}
double power(   )           /* 定义 power 函数,补充代码,写入形参 */
{
    /* 补充代码 */
}
```

（2）编写一个函数，计算 $C_m^n = \dfrac{m!}{n!*(m-n)!}$ 的值，并在 main 函数中调用。

➡ **编程提示**：此题可以用嵌套函数来完成。注意到 C_m^n 是几个阶乘的结果计算出来的，所以首先定义一个计算阶乘的函数，形参为 n，函数体中实现 n!，并返回阶乘的结果。

再定义一个求 C_m^n 的函数，形参接收 m 和 n 的值，在函数体中，调用三次求阶乘的函数，分别获取 m!、n! 和 (m−n)! 的值，然后计算出 C_m^n 并返回。

最后，在 main 函数中，从键盘接收 m 和 n，调用求 C_m^n 值的函数，并输出结果。

```
/* c10-2.c 计算函数组合数 */
#include "stdio.h"
long jc (int n) /* 定义求阶乘函数,并返回 n! */
{
    /* 补充代码 */
}
long  Cmn(int m, int n) /* 定义求组合数函数 cmn */
{
    /* 补充代码 */
}
int main(void)
{
    int m,n;
    printf("please enter m and n: ");
    scanf("%d,%d", &m, &n );
    /* 补充调用 Cmn 函数和输出结果的代码 */
    return 0;
}
```

（3）定义一个函数，计算并返回公式 $sum = 1 + \dfrac{1}{2} + \dfrac{1}{3} + \cdots + \dfrac{1}{n}$ 中的 sum 值，其中 n 由形参传入，并在 main 函数中调用所定义的函数，并输出返回值。

（4）定义一个函数，返回类型为 void。形参为 float *arr 和 int N，在函数中，把 arr[i] 均赋值为 1.0f。i 从 0 到 N−1。

在 main 函数中定义一个一维数组，元素数据类型为 float，并不初始化。以数组名和元素个数作为实参调用定义的函数，然后输出这个一维数组各元素的值，观察结果，并回答下面 3 个问题。

① 在 main 函数中，为什么被调函数对数组元素的更改会对主调函数 main 中的数组元素值产生作用，画出内存示意图进行解释。

② 形参为什么要接收一维数组的元素个数。

③ 有定义的函数 void fun(float a,float b){a+ =4; b=a+5.3f;}，如果 main 函数调用了这个函数，并把 float 型的 x,y 作为实参，为什么调用完成后，main 函数中的 x 和 y 的值并不改变。如果要使 main 函数中的 x,y 值在调用 fun 后发生改变，应如何定义 fun 函数？

（5）定义一个函数，逆序输出一个整数各位上的数字。

➡ **编程提示**：while(num){ printf("%d ",num%10;);num = num / 10; }，其中，num 为给定的整数。

（6）定义一个函数，用一个数组传回一个整数各位上的数字，要求数字顺序与整数数值顺序一致。例如整数 123，一维数组的第 0 个元素存放 1，第 1 个元素存放 2，第 2 个元素存放 3。在 main 函数中调用此函数输出一个整数各位上的数字。

➡ **编程提示**：首先，在主调函数中定义一个一维数组 Digit，用于存放整数的各个数字，数组的大小设为 10，因为 C 语言中一般的整数位数不会超过 10 位。

我们知道，如果数组 Digit 作为实参传递给被调函数的形参，那么被调函数利用形参修改元素值实际上会影响主调函数中的 Digit 数组。因此，如果在被调函数中处理了整数，提取出了各位数字并按要求存进了数组的相应元素，同时计算了数字的个数。我们就可以通过函数返回数字的个数，从而在主调函数中使用这些信息。

现在要解决的问题主要有两个：一是如何得到整数的位数；二是如何将整数的各个数字按顺序存放在数组相应元素中。

对于第一个问题，可以使用循环 while(num){ num = num / 10; count++; } 来解决，其中 num 是形参，接收传递过来的整数，count 用于记录 num 的位数，初始值设为 0。

对于第二个问题，可在计算位数的同时，将 num % 10 的结果按循环得到的数字顺序存放到数组（通过 Digit 对应的形参）中。

在 while 循环结束后，使用 count 来对数组进行逆序处理，最后函数返回 count 的值。

（7）定义一个函数，把一个十进制正整数转换成十二进制数（比如月数与年之间的进制就是十二进制），这里 10 用 A 表示，11 用 B 表示。在 main 函数中调用此函数并输出转换的结果。

➡ **编程提示**：数制的转换参考第 1 章的相关内容。

① 函数定义。

a. 定义一个函数，例如 convertToTwelveBase，它接收一个十进制正整数作为输入。

b. 在函数内部，创建一个字符数组用于存储十二进制结果。

c. 定义一个循环，每次循环将输入数除以 12，并记录余数。然后将余数转换为十二进制表示。如果余数小于 10，直接转换为对应的字符（'0'+ 余数）；如果余数为 10，则使用字符 'A'；如果余数为 11，则使用字符 'B'。将转换后的字符添加到结果字符数组的前端。

d. 循环继续直到输入数变为 0。

e. 在字符数组最后加上 '\0'，并把字符数组逆序。

② 在主函数 main 中调用。

在 main 函数中，读取一个十进制正整数。调用 convertToTwelveBase 函数并传递这个整数。接收返回的十二进制数并输出。

(8) 定义一个函数,其形参为接收一个二维数组名的值,判别这个二维数组中各数据的值,若大于 0 则输出该值,若小于或等于 0 则输出 0。

🢒 **编程提示:**

① 因为不需要函数返回值,所以函数的返回类型定义为 void,函数体中也不用 return 语句;接收二维数组名作为实参的形参(数据类型 (*p)[列数]),一定要写明列的个数,实参和形参指向的数据类型要一致,以免后续结果错误。另外,二维数组名只能传递元素的起始地址,函数中并不清楚二维数组的行,因此还应该定义形参接收二维数组的行数。

② 在函数中用一个二重循环(也可用单循环来遍历各个数据),并利用选择语句对二维数组各数据值做相应处理。

③ 在 main 函数中,定义一个二维整型数组,调用所定义的函数。

(9) 定义一个函数,返回二维数组 a 中的上三角(即数据的行下标小于等于列下标)各数据元素之和,在 main 函数中调用它并输出和值。

例如,a 中的各数据值为:

5,7,2,7
71,7,2,8
15,3,5,3
24,23,2,2

返回结果为 48。

(10) 写一个递归函数,计算并返回 $\sum\limits_{i=1}^{n} i$ 的值,然后在 main 函数中调用并输出结果。

🢒 **编程提示:**

① 定义一个函数,接收一个 n 的值作为输入,返回值为 $\sum\limits_{i=1}^{n} i$ 结果的类型。所以函数首部定义为:int fun(int n)。其功能就是返回 $\sum\limits_{i=1}^{n} i$ 的结果。

② 因为总问题是 $\sum\limits_{i=1}^{n} i$,那么可以把 $\sum\limits_{i=1}^{n-1} i$ 看成是规模小一点的问题,且这个小一点的问题与整个问题的解决方式一致。假设 $\sum\limits_{i=1}^{n-1} i$ 的结果已知,则总问题的结果就是 $\sum\limits_{i=1}^{n-1} i$ 的结果加上 n。用 return 返回这个结果。

③ 写程序代码时,$\sum\limits_{i=1}^{n-1} i$ 的结果如何表示?只要直接调用定义的函数,并把参数改成 n-1,即代码中,调用 fun(n-1),它返回的值就是 $\sum\limits_{i=1}^{n-1} i$ 的结果,因此代码 fun(n-1)+n 就是总问题的解。最后考虑最小问题有一个直接的解,这个问题中,最小问题就是 n 为 1 时,直接返回 1。

(11) 写一个递归函数,把一个字符串逆序输出。并在 main 函数中调用。

● 编程提示:

① 这个问题可以这样考虑,如果知道这个字符串的长度 len,要把整个字符串逆序输出,则首先输出最后一个字符,然后,把前 len-1 个字符逆序输出就可以了。

也就是把前 len-1 字符的逆序输出作为整个问题的一个子问题。而前 len-1 个字符的逆序输出只要直接调用定义的函数,并把长度参数改成 len-1。考虑最小问题,当 len 为 1 时,直接输出下标为 0 的字符就可以了。

所以这个函数要有两个形参,一个用于接收字符数组名的值,一个接收这个数组要处理逆序输出字符串的长度。

② 在 main 函数,定义一个一维字符数组,并初始化,并编程计算它的长度。然后调用递归函数,并把一维数组名和长度作为实参。

可以继续扩展一下这个题目,如果在 main 函数中,要求给定字符串,调用所定义的函数就可以把它逆序输出,不在 main 函数体中求长度。

这可以再定义一个函数,比如,void invert(char ch[])。然后在 invert 函数中,先求字符串的长度,然后调用逆序输出的递归函数。这样,main 函数中实现逆序输出就更简单了,只要直接调用 invert 函数即可实现。这一过程同时用到了函数的嵌套调用与递归调用。所以适当分解问题,可以使一个函数的编写更加简洁。

(12) 定义一个二维字符数组以存储 3 个字符串,并按降序输出它们。要求:要使用指向字符的指针。

● 编程提示:在 main() 函数中,使用 strcmp 函数比较字符串大小来实现降序排序。按以下步骤操作。

如果 strcmp(str1, str2) 返回值大于 0,则交换 str1 和 str2。

如果 strcmp(str2, str3) 返回值大于 0,则交换 str2 和 str3。

如果 strcmp(str1, str2) 返回值大于 0,则交换 str1 和 str2。

注意到在每次比较后,需要交换字符串。为避免重复代码,定义一个名为 swap 的函数来交换两个字符串。该函数接收两个指向 char 类型的指针作为参数。在函数内部,使用一维字符数组作为中间变量,并通过 strcpy 函数实现字符串的交换。这种方法类似于交换两个整数,但因为处理的是字符串,要使用 strcpy 而不是直接用 "=" 给字符串赋值。

考虑到要求使用二维数组存储 3 个字符串,假设此数组命名为 str,那么 str[0]、str[1] 和 str[2] 分别是 3 个字符串的起始地址。

最后,使用循环或 3 个 puts 语句输出排序后的字符串。可以直接使用 puts 函数输出字符串,注意 puts 函数的参数是指针变量,它指向所输出的起始字符,即指针指向哪个字符,就从哪个字符开始输出,直到遇到 '\0' 为止。

根据上面提示,编写出相应的程序代码,并调试运行,输出结果。

(13) 下面程序中的变量 t 和 k 的作用域分别是什么? 函数 swap 中,第一行的 i 和 for 循环中的 i 是同一个变量吗? for 循环体中的语句 k=i; 是正确的吗? 编译调试后运行程序,并解释为什么输出这样的结果。

```
#include<stdio.h>
int t=100;
int swap(int a[],int n)
{
    int k=50,i;
    for(i=0;i<n;i++)
    {
        if(i<5)
        {
            int k=0;
            k++;
            printf("%d  ",a[k]);
        }
    }
    printf("\nk=%d\n",k);//这个 k 与 if 语句中的 k 是两个不同的变量
    t=200;
}
int main(void)
{
    int a[10]={1,2,3,4,5,6,7,8,9,10};
    swap(a,10);
    printf("t=%d\n",t);
    getchar();
    return 0;
}
```

五、实验注意事项

（1）定义函数时,函数首部的最后不能加";"。

（2）在函数体内,不要再对形参进行定义。

（3）实参变量对形参变量的数据传递是"值传递",但一定要注意实参和形参的数据类型尽量一致,不然很可能会造成后续程序运行结果不正确或编译不能通过。

（4）在将二维数组作为函数参数时,使用数组名作为实参,例如 fun(array)。在定义形参时,可以使用两种格式:"数据类型指针变量 [][N]" 或 "数据类型 (* 指针变量)[N]",其中 N 必须与二维数组的列数相匹配。如果 N 的值不正确,即不与二维数组的列数一致,指针变量将无法正确解析二维数组的结构。这会导致在使用下标访问元素时出现两者不一致的问题。

六、思考题

（1）一维数组 arr 中的元素为:21,4,2,27,3,13,5,14,25,19。定义一个函数,返回这个一维数

组 a 中值最大的元素下标,并在 main() 函数中输出。

(2) 定义一个函数,返回一个字符二维字符数组中 ASCII 值最大的那个字符。

(3) 定义递归函数,找出一个二维数组中所有数据的最大值并返回。

提示:因为二维数组的数据在内存中是连续存放的,可以用一个一维数组来访问,形参可以是"数据类型指针变量 []"或"数据类型 * 指针变量",用它来接收二维数组首个数据的地址,也就是实参用"二维数组名 [0]"。

假设二维数组的数据个数为 len,也就是行数 * 列数,则可以用"一维数组名 [i]",i 从 0 到 len-1,遍历二维数组中各数据。因此,题目要求的整个问题就变成了应用递归函数在一个长度为 len 的一维数组中求最大值并返回。请特别注意,这样的问题转换是非常重要的思维。

递归函数可以这样考虑:如果把小一点的问题看成是求下标为 0 到 len-2 的一维数组数据的最大值 max,则整个问题的结果就是这个 max 与"指针变量 [len-1]"的最大值,并返回它。最小问题就是 len 的值为 1 时,直接返回"指针变量 [0]"。

(4) 编写一个递归函数,实现某个正整数各位数字的逆序输出。

⊛ 编程提示:

可先熟悉实验内容的第 11 题,先输出 num%10,然后递归调用函数,实参用 num/10。此递归函数的最小问题是 num 为 0,此时直接用 return 返回。

进一步考虑如果是负整数,如何定义递归函数逆序输出,负号放在最右边。对于这个问题,要分正数和负数两种情况进行处理,正数和上述方法一样,对于负数,则应该输出 -num%10,同时,当 num>-10 时表明此时数字只剩下最后一位,所以在输出 -num%10 的同时,还要输出一个"−"。

(5) 定义一个函数,求出两个整数相除的结果(这里指数学中的相除,不是 C 语言中整数除以整数结果取整数),精确到小数点后 100 位,并在 main 函数中调用此函数后输出结果。

⊛ 编程提示:

为了在 C 语言中实现精确到小数点后 100 位的除法,直接使用"/"操作符进行相除是不够精确的。以下是一个更精确的算法思路。

① 定义一个长度为 101 的一维数组,用于存放除法结果。数组的第 0 个元素存储整数部分,其余元素存储小数部分。

② 将数组名及两个需要相除的整数作为实参传递给一个自定义函数。

③ 使用循环计算商值。首先计算两个整数的商,将整数部分存入数组的第 0 个元素。然后,将余数乘以 10 并再次除以除数,将得到的商依次存入数组的后续元素中。重复此过程直到达到所需的精度。

例如,计算 14 除以 3 的结果:首先计算 14/3 得到商 4(整数部分),存入数组的第 0 个元素。余数 2 乘以 10 后再除以 3,得到商 6,这是小数点后的第一位,存入数组的第 1 个元素。继续这个过程,将每次的商存入相应的数组元素中。

需要注意的是,这种方法没有考虑小数点后第 101 位对第 100 位的四舍五入影响。如果要考虑四舍五入,需特别处理。例如,当第 101 位大于等于 5 时,不仅第 100 位可能需要调整,更高位数也可能受影响。例如,如果第 100 位是 9,那么第 99 位及之前的位数可能需要相应的调整,甚至有可能影响到整数部分。

这个问题可以作为一个有趣的编程挑战。

(6) 定义两个函数,一个函数求一个字符串长度并返回,另一个函数求一个字符串中英文字母的个数并返回。要求用"函数指针"调用这两个函数,结果在主函数中输出。

⬤ 编程提示:

在 C 语言中,可以定义两个具有相同返回类型和参数的函数。例如,定义两个返回类型为 unsigned 的函数,且它们的形参都是 char *str。这两个函数由于具有相同的返回类型、形参个数、形参数据类型和形参顺序,可以视为同一种函数类型。

在 C 语言中,函数名实际上是一个指针,指向该函数代码在内存中的起始地址。因此,可以在 main 函数中定义一个指向特定类型函数的指针变量。这个指针变量的返回类型和形参应与前述两个函数相同。

要调用这两个函数中的任意一个,只需将相应的函数名赋值给这个指针变量,这样通过指针变量就可以间接调用对应的函数。实例代码:

```c
#include <stdio.h>
unsigned Mystrlen(char *str)
{
    unsigned i=0;
    for(i=0;str[i]!='\0';i++);
    return i;
}
unsigned charNUm(char *str)
{
    unsigned num=0;
    for(int i=0;str[i]!='\0';i++)
    {
        if((str[i]>='a' && str[i]<='z') ||
            (str[i]>='A' && str[i]<='Z'))
        num++;
    }
    return num;
}
int main(void)
{
    unsigned (*fun)(char *);        //定义指向函数的指针
    char str[100]="Virtue Comes First!";
    int len,Num;
    fun=Mystrlen;                   //把函数名作为左值赋给指针变量。这里可以赋值是因为
```

```
                                              // fun 和 Mystrlen 作为指针指向的函数类型一致
      len=(*fun)(str);                        // 调用函数
      fun=charNUm;
      Num=(*fun)(str);
      printf("len=%d\n",len);
      printf("Num=%d\n",Num);
      return 0;
   }
```

仔细阅读上面的代码,掌握函数名和函数指针的意义。

本题任务:定义一个新函数,其功能是根据传入的函数指针和一个字符串来返回特定的信息。这个新函数接收两个参数:一个函数指针和一个字符串。如果传入的函数指针是charNum,则该函数返回字符串中英文字母的数量;如果传入的函数指针是 Mystrlen,则返回字符串的总长度。

(7) 初始化一个 480×640 大小的二维整数数组 img。使用 rand() 函数给 img 中的每个元素赋予一个 0 ～ 255 之间的随机值。然后,接收用户输入的一个矩形的左上角和右下角坐标,这些坐标的值不应超过数组的行数和列数。接下来,定义另一个大小与 img 相同的二维整数数组 mask,并将其所有元素初始化为 0。

实现以下功能。

① 编写一个函数 fillMask,它接收矩形的坐标作为参数。此函数将 mask 数组中矩形范围内的所有元素设置为 1,而数组中的其他元素保持不变。

② 创建一个函数 applyMask,它对 img 和 mask 执行点乘操作,即对于每个元素 img[i][j],都乘以相应的 mask[i][j],并将结果存储回 img 数组中。

③ 在主函数中,遍历并打印出位于矩形内的 img 数组的元素值。

注意形参可能用到指向一维数组的指针。

(8) 定义一个函数,功能是将一个字符串从第 m 个字符开始的剩余全部字符复制到另一个字符串。在 main 函数调用此函数,并将这个新字符串输出。要求:

① 用指针作为形参。

② 复制字符串时不能用循环语句,直接用函数 strcpy。

实验十一　结构体

一、实验学时

2 学时

二、实验目的

(1) 掌握如何定义结构体类型。
(2) 学习如何声明结构体变量，并理解其使用方法。
(3) 学习结构体数组和函数参数。
(4) 学习将结构体变量作为函数参数的方法。
(5) 掌握 malloc、realloc、free 等函数的用途及使用方法，这些函数用于动态申请、调整和释放内存。
(6) 理解链表的基本概念。
(7) 学习如何对单链表进行简单的创建、插入和删除操作。

三、预习要求

(1) 结构体。

结构体是一种将多个不同类型的数据元素组合成一个单一实体的数据结构，体现出所研究对象的属性内在联系。这些元素被称为结构体的成员，它们可以是不同的数据类型。例如，在一个表示学生信息的结构体中，可能包括学号(如整型)、姓名(字符数组)、性别(字符型)、年龄(整型)以及各科成绩(数组类型)。这些成员被视为一个整体处理对象，结构体不仅可以包含基本数据类型(如字符型、长整型、短整型和实数型)，还可以包含更复杂的数据类型，如数组、其他结构体甚至指针类型。这使得结构体非常适用于存储和处理具有多种数据类型的复杂数据集。例如：

ID	name	sex	age	score
10010	Li fum	m	18	88.5
整型	字符数组	字符	整型	实型

依据此定义的一种结构体类型：

```
struct student
{
    int num;
    char name[20];                  //结构体成员是一个一维数组
    char sex;
    short int age;
    float score;
};
```

上面定义了一个结构体类型,struct 是关键字,结构体类型是 struct student。其中有 5 个成员变量。

(2) 结构体类型不同于基本数据类型的特点:① 由若干个数据项组成,每个数据项称为一个结构体的成员。② 结构体类型可由编程人员自己根据情况定义形成,一旦定义,可以理解为在可使用的范围内,C 语言多了一种新的数据类型。可以用它来定义一个这种类型的简单变量、数组或指针等。③ 定义结构体类型时,它的成员类型可以是结构体类型,这是一种嵌套定义的形成,这样使得结构体类型可以表达更加复杂的属性之间的关系。

定义了结构体类型,就可以用这种数据类型来定义变量:

struct student stu;、struct student *stu;、struct student stu[10];、struct student *stu[5];、struct student (*stu)[5];。

这些结构体类型变量的形式与定义基本数据类型的变量一样,只是现在的数据类型是 struct student,而不是像 int、float 这样的数据类型。

同样地,一旦定义了结构体类型的变量,系统也为这些变量分配内存空间以存放变量的数据。要注意的是结构体类型的变量,如 struct student stu; 中的 stu,内存所分配给它的空间并非一定是各成员变量空间的总和。

结构体类型与数组类型、指针类型一样也是一个统称,用不同结构体名称定义的结构体类型属于不同的数据类型,匿名结构体只要是定义的成员变量顺序、数据类型不同均属于不同的结构体类型。变量包括指针变量之间不能赋值。

(3) malloc 函数申请的空间是在堆区中,它要到程序结束后才能被释放。手工释放用 free 函数,但被释放的空间还是有可能被利用的,这称为野指针,因此在释放完成以后,一般把相应指针值赋成 0。

realloc 是对 malloc 申请空间大小的调整,调整后的内存空间原有数据不改变,但必须指出的是 realloc 得到的内存空间并不一定是 malloc 原有的内存空间。realloc 空间可能另外换了空间,只是把 malloc 原有空间的数据复制过去了。因此,调整空间时,realloc 返回的值必须有指针变量接收。

四、实验内容

(1) 有 3 个学生的数据记录,每个记录有学号、姓名和三门课的成绩。现要求编写一个函数 print，功能是输出一个学生的三门课成绩。在 main 函数中，输入这些学生记录的数据，并调用 print 函数输出这些记录。

➡ 编程提示：

① 可以定义一个结构体类型，成员分别可以为 unsigned ID; char name[20];。因为一个人有三门课，所以可以用一个元素个数为 3 的一维数组作为成员变量。定义的实例如下：

```
struct student
{
    unsigned ID;
    char name[20];              //存放姓名
    float score[3];             //这个一维数组存放三门课的成绩
};
```

如果把三门课的成绩设定为 3 个简单变量也可以，如下面代码所示。但代码当中的引用方式就会发生改变。

```
struct student
{
    unsigned ID;
    char name[20];              //存放姓名。
    float score1,score2,score3;
};
```

② 程序源代码如下，请补充：

```
#include <stdio.h>
#include <stdlib.h>
struct student
{
    unsigned ID;
    char name[20];              //存放姓名
    float score[3];
};
void print(struct student stu)    //注意此处形参的写法
{
    printf("%d %s %5.1f %5.1f %5.1f\n",stu. ID,stu.name, \
            stu.score[0],  \
            stu.score[1],  \
            stu.score[2]             //注意一行结束加一个空格，然后输入 \，表示此行未
                                     //结束，下一行接着输入
        );
```

```
    }
int main(void)
{
    struct student stu[3];
    for(int i=0;i<3;i++)
    {
        printf("Please enter the student ID of the %d-th student:\n",i+1);
        scanf("%d",&stu[i]. ID);
        fflush(stdin);                 //注意这里清空缓冲区内容,为什么?
        printf("Please enter the student name of the %d-th student:\n",i+1);
        gets(stu[i].name);
        printf("Please enter the scores of the 3 courses of the %d-th student:\n",i+1);
        scanf("%f%f%f",stu[i].score,stu[i].score+1,stu[i].score+2);
        //注意此处 scanf 地址列表的写法,为什么不用 & ?
    }
    //此处补充代码,调用 print 函数输出 3 个学生的信息
    return 0;
}
```

运行并保留结果。

如果结构体定义如下:

```
struct student
{
    unsigned ID;
    char name[20];                    //存放姓名
    float score1,score2,score3;
};
```

改写上面的程序代码,运行并保留结果。

(2) 有动物园动物信息,定义的结构体如下:

```
typedef struct animal
{
    int No;                           //动物类型编号
    char name[20];                    //动物名称
    int count;                        //此动物数量
}Animal;
```

现有定义的函数,功能是输出一种动物信息。

```
void print(Animal *ptrAnimal)              // 注意此处形参是指针变量
{
    /* 补充代码以输入一种动物的信息。*/
}
```

在 main 函数中编写代码,输入 5 种动物的信息,并调用此函数输出所有信息。

(3) 定义了结构体:

```
typedef struct cof
{
    float ecof;
    struct cof  *next;
}Cof;
```

编程要求:

① 定义函数 Append。

● 功能:在链表尾部添加一个新节点。

● 返回类型:Cof*,确保能够更新链表的头节点(如果新节点是第一个节点)。

② 定义函数 print。

功能:输出链表中所有节点的 ecof 成员变量值。

③ 在 main 函数中实现。

a. 创建一个含有 5 个节点的链表。

b. 使用循环,每次迭代。

● 使用 malloc 为新节点分配内存。

● 输入 ecof 成员变量的值。

● 调用 Append 函数将新节点加入链表。

c. 循环结束后,调用 print 函数输出每个节点的 ecof 值。

编程注意事项:

① 使用 malloc 为新结点分配内存时,将 next 成员初始化为 NULL。这确保链表末尾节点的 next 值为空。

② Append 函数接收两个参数,链表头指针 head 和新结点指针。如果 head 为 NULL(即链表为空),则将新节点地址赋值给 head 并返回此地址。否则,遍历链表找到最后一个节点,将新节点地址赋给最后一个节点的 next 成员。

③ 内存释放:在 main 函数中,在调用 print 后使用循环释放所有通过 malloc 分配的内存。确保释放每个节点后将其指针设置为 NULL,避免产生野指针。

五、实验注意事项

(1) 注意相同结构体类型变量之间可以直接用“=”赋值,实参可以用结构体类型变量传给形参,不需要成员之间分别赋值或传值。

（2）用不同的结构体名称定义变量均属于不同的数据类型,它们之间不能赋值,即使它们的成员变量定义相同,甚至定义的顺序相同,也属于不同的结构体类型。

六、思考题

（1）有结构体类型:

```
struct date
{
    int  year;
    int  month;
    int day;
};
```

定义两个这种结构体类型的变量,输入它们的成员变量值,并输出出来。
又有结构体类型:

```
typedef struct PersonList
{
    char name[20];
    char sex;
    struct date birthday;
} Person;
```

试编程输入一维数组 struct PersonList person[3] 各元素的值,并输出出来。如果 struct PersonList person[3] 写成 Person person[3],效果一样吗？为什么？

（2）定义结构体类型如下:

```
typedef struct PersonList
{
    char name[20];
    char sex;
    struct date birthday;
} Person;
```

编程任务:
① 定义 date birthday 类型:包含日期相关的成员变量(如年、月、日)。
② 实现函数 isLeapYear。
功能:判断给定的年份是否为闰年。
参数:年份(整数)。
返回值:布尔值(true 如果是闰年,否则 false)。
③ 实现函数 daysBetween。

功能：计算两个 Person 类型变量之间的天数差。

参数：两个 Person 类型的变量。

返回值：两个日期之间的天数差（整数）。

实现细节：

● 使用 isLeapYear 函数来确定年份是否为闰年。

● 根据月份和年份计算天数差。

④ 在 main 函数中调用。

a. 创建两个 Person 类型的变量，并赋各个成员变量值。

b. 调用 daysBetween 函数计算这两个变量之间的天数差。

c. 输出计算出的天数差。

⑤ 团队合作分工。

人员一：编写 isLeapYear 函数，确定年份是否为闰年。

人员二：定义 Person 类型和编写 daysBetween 函数，计算天数差。

人员三：编写 main 函数，调用上述函数并输出结果。

协调者：负责统一设计各个函数的功能、名称和参数，确保整个程序的协调和统一。

(3) 按下列要求完成编程任务。

① 定义 student 结构体。

● 设计并定义 student 结构体，包括学号、两门课成绩和总分的成员变量。

● 确保结构体设计满足后续函数处理的需求。

② 实现 calculateTotal 函数。

● 编写函数代码，用于计算一维 student 数组中每个元素的总分。

● 确保函数能够正确遍历数组并更新每个 student 元素的总分。

③ 实现 sortStudents 函数。

● 编写函数代码，实现根据学生总分对 student 数组进行排序的功能。

● 选择并实现合适的排序算法，确保排序结果正确。

④ 在 main 函数中整合代码。

● 编写 main 函数，实现从用户输入学生数据、调用 calculateTotal 和 sortStudents 函数，以及输出排序后的结果。

● 负责整合其他成员编写的代码，确保整个程序的顺利运行。

⑤ 团队合作分工。

人员一：定义 student 结构体、实现 calculateTotal 函数。

人员二：实现 sortStudents 函数、在 main 函数中整合代码。

协调与测试者：

● 负责监督整个开发过程，确保每个部分的接口和数据格式统一。

● 安排代码测试，确保每个模块单独和整体都能正常工作。

● 沟通协调各成员间的合作，解决可能出现的任何问题。

(4) 设有 10 名学生参加某比赛，有 6 名评委打分（采用 10 分制），每个学生的数据用一个结构体类型组织，例如，结构体类型定义为：

```
struct student
{
    long ID;                    //学号
    float score[6];             //评委打分
    float avg;                  //存放一个学生的最终得分
}
```

定义一个函数,计算每一个学生的最终得分(规则是扣除一个最高分和一个最低分后的平均分,最终得分保留 2 位小数)。再定义一个函数,按最终得分由高到低的顺序输出每名学生的编号及最终得分。在 main() 函数中,首先输入得分,然后调用第一个函数计算每一个学生的最终得分,再调用第二个函数输出排序后的学号和最终得分。

(5) 有结构体类型:

```
typedef struct student
{
    long ID;
    unsigned short cof[3];
    struct student *next;
}Link,*LinkList;
```

定义 3 个 struct student 类型的变量,并对其数据域成员变量赋值,然后把它们链接成一个单链表,并输出。

(6) 在第(5)题中,如果有定义 LinkList p[3];,则 p 作为指针指向什么数据类型? 现有 3 个 Link 类型数据需要存放到内存中,而需要把各数据的首地址存入 p 数组元素中,则如何在不另外定义变量的情况下,输入 3 个变量数据域的值,说明原因,并编程实现。

提示:可用 malloc 申请内存空间,并把返回的值经强制类型转换后赋给数组 p 的各个元素。

(7) 定义一个结构体类型:

```
typedef struct person
{
    long ID;                    //编号
    char VisitTime[20];         //时间
}Person;
```

用于存放一个来访者的编号和时间。编号和时间由键盘输入,当 ID 值为 0 时,结束输入,如果不为 0,继续申请内存空间输入来访者的信息,最后输出全部来访者的信息和来访的总人数。

(8) 建立一个单链表,并在它的头和尾部各增加一个结点,并输出出来。

(9) 完成以下编程任务。

① 定义 List 结构体。

成员变量可能包括学生信息和成绩,如姓名 (char name[20])、数学成绩(MathScore)、计算机科学成绩(CScore)和总分(totalScore)。

② 实现 4 个函数。

a. 函数 inputScores。

功能:输入数组中每个元素的前三个成员变量(假设为学号、MathScore 和 CScore)。

参数:List 类型的一维数组及其长度。

返回值:无。

b. 函数 calculateTotalScore。

功能:计算每个元素的总分(totalScore),即 MathScore 和 CScore 的和。

参数:List 类型的一维数组及其长度。

返回值:无。

c. 函数 printList。

功能:输出数组中每个元素的所有成员值。

参数:List 类型的一维数组及其长度。

返回值:无。

d. 函数 printSecondHighestScore。

功能:输出 totalScore 第二名的学生信息。

参数:List 类型的一维数组及其长度。

返回值:无。

实现提示:首先需要对数组进行排序,然后找出第二高的 totalScore。

③ 在 main 函数中实现。

● 定义一个 List 类型的一维数组。

● 调用 inputScores 函数输入每个学生的信息和成绩。

● 调用 calculateTotalScore 函数计算每个学生的总分。

● 调用 printList 函数输出所有学生的信息。

● 调用 printSecondHighestScore 函数输出总分第二名的学生信息。

④ 团队合作分工:

人员一:定义 List 结构体、编写 inputScores 函数。

人员二:编写 calculateTotalScore 函数。

人员三:编写 printList 和 printSecondHighestScore 函数。

协调者:负责整体协调和测试,确保所有函数和结构体定义协同工作,无接口和逻辑冲突。

(10) 定义一个结构体类型:

```
typedef struct Polynomial
{
    int item;                        //用于存 x 的指数
    double cof;                      //用于存项的系数
    struct student *next;
}Link,*LinkList;
```

创建单链表,存放多项式 $a_0 + a_1x + a_2x^2 + a_3x^3 + a_4x^4$ 的各个系数(a_i 为 0,不建立结点),编程实现两个这样的多项式相加,各系数和指数由键盘输入,并输出结果。

实验十二　文件

一、实验学时

2 学时

二、实验目的

(1) 掌握文件以及缓冲文件系统、流、文件指针的概念。
(2) 学会使用文件打开、关闭、读、写等文件操作函数。
(3) 学会用缓冲文件系统对文件进行简单的操作。

三、预习要求

(1) 文件的基本概念
- 文件和流的概念。
- 文件的不同类型(文本文件和二进制文件)。
(2) 文件打开与关闭
- fopen 函数的用法,包括不同模式(如读、写、追加等)。
- fclose 函数的用途及其重要性。
(3) 文件读写操作
- 文本文件的读写:fprintf、fscanf、fputs、fgets 等函数的使用。
- 二进制文件的读写:fwrite、fread 等函数的使用。
(4) 文件定位操作
fseek、ftell 和 rewind 函数的使用,用于在文件中进行定位和移动读写位置。
(5) 文件的错误处理
如何使用 feof 和 ferror 函数检测文件操作中的错误。

四、实验内容

(1) 将一个磁盘文件复制到另一个磁盘文件。

```
/* c12-1.c */
#include <stdio.h>
#include "stdlib.h"
```

```
int main(void)
{
    FILE*in,*out ;                              //定义指向流的指针
    char ch,infile[10],outfile[10];
    printf("Enter the infile name:\n");
    scanf("%s",infile);
    printf("Enter the outfile name:\n");
    scanf("%s",outfile);
    if((in=fopen(infile,"r"))==NULL)         //判断打开文件是否正确读操作
    {
        printf("cannot open infile\n"); exit(0);
    }
    if((out=fopen(outfile,"w"))==NULL)
    {
        printf("cannot open outfile\n"); exit(0);
    }
    //判断流文件位置指示符是否设置结束标识,如果没有,则循环读文件 in 的字符并写入到文件
      out 之中
    while(!feof(in))
        fputc(fgetc(in),out);
    fclose(in);                                 //关闭文件
    fclose(out);
    return 0;
}
```

运行情况如下:

```
Enter the infile name:
file1.dat ↵     (输入原有磁盘文件名)
Enter the outfile name:
file2.dat ↵     (输入新复制的磁盘文件名)
```

程序运行结果是将 fule1.dat 文件中的内容复制到 fule2.dat 中去。可以用下面命令验证:

```
c:\ >type file1.dat
computer and c            (file1.dat 中的信息)
c:\>type file2.c
computer and dat          (file2.dat 中的信息)
```

以上程序是按文本文件方式处理的。也可以用此程序来复制一个二进制文件,只需将两个 fopen 函数中的 "r" 和 "w" 分别改为 "rb" 和 "wb" 即可。

仔细阅读上述代码,将 file1.dat 文件中信息输出到显示器中(应用指向标准文件的流指针 stdout)。

(2) 阅读以下程序,回答后面的问题。

```c
/* c12-2 .c    */
#include <stdio.h>
int main(void)
{
    short a=0x253f ,b=0x7b7d; char ch;
    FILE *fp1,*fp2;
    fp1=fopen(" c:\\file1 .bin","wb+");
    fp2=fopen(" c:\\file2.txt ","w+");
    fwrite(&a,sizeof(short), 1 ,fp1);
    fwrite(&b,sizeof(short), 1 ,fp 1);
    fprintf(fp2,"%hx %hx",a,b);
    rewind(fp 1);
    rewind(fp2);
    while((ch = fgetc(fp1)) != EOF)
        putchar(ch);
    putchar('\n');
    while((ch = fgetc(fp2)) != EOF)
        putchar(ch);
    putchar('\n');
    fclose(fp 1);
    fclose(fp2);
    return 0;
}
```

① 请思考程序的输出结果,然后通过上机运行来加以验证。

② 将两处 sizeof(short) 均改为 sizeof(char) 结果有什么不同,为什么?

③ 将 fprintf(fp2,"%hx%hx",a,b) 改为 fprintf(fp2,"%d%d",a,b) 结果有什么不同?

(3) 修改以下程序,实现将指定的文本文件内容在屏幕上显示出来。如果是用命令行输出,格式为:display filename.txt(注:display 是源程序文件的文件名)。

```c
/* c12-3.c */
#include<stdio.h>
#include<stdlib.h>
int main(int argc, char* argv[])
{
    char ch;
```

```
    FILE *fp;
    if(argc!=2)
    {
        printf("Arguments error!\n");
        exit(-1);
    }
    if((fp=fopen(argv[1],"r"))==NULL)      // fp 指向 filename
    {
        printf("Can't open %s file!\n",argv[1]);
        exit(-1);
    }
    while(ch=fgetc(fp)!=EOF)               // 从 filename 流中读字符
        putchar(ch);                       // 向显示器中写字符
    fclose(fp);                            // 关闭 filename
    return 0;
}
```

① 源程序中存在什么样的逻辑错误(先观察执行结果)? 对程序进行修改、调试,使之能够正确完成指定任务。

② 将程序保存为 display.c,在"项目设置"→"调试"→"程序参数"中设置好参数(填入要显示的文件名,如 filename.txt),然后进行编译和调试。

(4) 有 10 个学生,每个学生的数据包括学号、姓名、3 门课的成绩,从键盘输入 10 个学生的数据,要求打印出 3 门课的总成绩、平均成绩,并计算出每人的平均成绩,将原有数据和计算出的平均分数存放在磁盘文件 stu.txt 中。

五、实验注意事项

注意文件打开的不同方式。

六、思考题

(1) 编程把 D 盘中一个文件移动到 D:\temp 目录下。

(2) 编程把 D 盘中一个文件复制到 D:\temp 目录下。

(3) 假设在 D:\temp 目录下有一个文本文件 score.txt,编程在其最后追加字符串 "I do nothing",然后把文本文件的所有内容输出到显示器中。

(4) 一个文本文件 C.txt 中存放了某班级的学生学号、姓名和三门课的成绩(文本文件),每个学生的信息占一行,学号、姓名、成绩之间均用 '/' 隔开(如:1001/wang/90/89/78),试编程计算各学生的总分和平均分,并分别以二进制文件存入另外的文件中(每一个学生的信息占一行)。参考代码:

```
#include <stdio.h>
#include <stdlib.h>
#include <string.h>
typedef struct {
    int id;
    char name[50];
    int scores[3];
    int total;
    float average;
} Student;
int main() {
    FILE *file = fopen("C.txt", "r");
    FILE *binFile = fopen("students.bin", "wb");
    Student student;
    if (file == NULL || binFile == NULL) {
        perror(" 文件打开错误 !");
        return 1;
    }
    while (fscanf(file, "%d/%[^/]/%d/%d/%d",
            &student.id, student.name, &student.scores[0],
            &student.scores[1], &student.scores[2]) != EOF) {
        /* 添加代码 */
    }
    fclose(file);
    fclose(binFile);
    return 0;
}
```

(5) 一个 n*n 的二维矩阵数据以文本方式存放在一个文本文件中,且文本文件的一行为矩阵的一个行,数据之间用空格隔开。试读取该文件数据找出矩阵中的最大值。

(6) 定义一个结构体类型:

```
typedef struct list
{
    char name[12];
    double MathScore;
    double CScore;
    double totalScore;
}List;
```

从键盘中输入 5 个 List 类型变量的前三个成员变量值,在计算 totalScore 并对其赋值后,用随机存储方式把它们存放到二进制文件 score.bin 中。

(7) 通讯录管理系统:该系统通过文件菜单进行操作,功能包括创建通讯录、显示记录、查询记录、修改记录、添加记录、删除记录和记录排序等,各功能模块均采用独立的函数来表示,通过主函数直接或是间接调用,特别注意的是,通讯录数据采用结构体定义和管理,并可以直接从文件中读入数据或是将数据写入文件中,体会这样做的优越性。

编程任务及团队分工:

① 定义通讯录结构体和文件读写操作。

● 设计 Contact 结构体。存储个人信息,如姓名、电话号码、电子邮件等。

● 实现从文件读取通讯录信息和向文件写入通讯录信息的功能。

● 负责人员:A。

② 通讯录基本操作:创建、显示、添加、删除。

● 编写函数以初始化或创建新的通讯录;编写函数以显示当前所有的通讯录条目;编写函数以向通讯录中添加新的记录;编写函数以从通讯录中删除指定的记录。

● 确保操作简洁高效。

● 负责人员:B。

③ 查询和修改记录。

● 编写函数查询特定记录和修改现有记录的功能。

● 编写函数以根据特定条件(如姓名、电话号码)查询记录;编写函数以修改现有通讯录条目的详细信息;需要考虑用户输入的各种可能性和错误处理。

● 负责人员:C。

④ 记录排序和主函数/用户界面。

● 编写函数实现通讯录记录的排序功能。

● 设计文件菜单,整合各功能模块的调用。

● 负责人员:D。

⑤ 协调与测试:一个成员(假设为负责人 D)担任协调者的角色,负责监督项目进度,确保模块间接口一致,以及协调团队成员间的合作。所有成员共同参与测试和调试阶段,确保每个模块和整个系统的稳定性和功能性。

(8) 把班级学生的学号、姓名、出生年月日存放在一个 txt 文本文件中,每个学生占一行。现要求编程,功能是某天执行该程序,则显示第二天生日的学生名单。

设计的结构体如下:

```
struct birthday
{
    int year;
    int month;
    int day;
};
typedef struct student
```

```
{
    int ID;
    char name[20];
    struct birthday birthDay;
}Student;
```

提示：获取计算机系统中的月和日的函数，需 #include<time.h>。

```
void month_day(int *month,int *day)   //从计算机系统获取月和日的值
{
    time_t rawtime;
    struct tm *timeinfo;
    time(&rawtime);
    timeinfo=localtime(&rawtime);
    *month=timeinfo->tm_mon+1;          //注意加1。timeinfo->tm_mon 返回 0 ~ 11
    *day=timeinfo->tm_mday;
}
```

练习题

第 1 章 基础知识简介

单选题

1. 在微型计算机中,控制器的基本功能是_____。
A. 控制机器各个部件协调工作　　　　B. 实现算术运算和逻辑运算
C. 获取外部信息　　　　　　　　　　D. 存放程序和数据

2. 关于 CPU,下面说法正确的是_____。
A. CPU 全称为中央处理器(或中央处理单元)
B. CPU 可以直接运行汇编语言
C. 同样主频下,32 位的 CPU 比 16 位的 CPU 运行速度快一倍
D. CPU 最早是由 Intel 公司发明的

3. 关于计算机内存,下面的说法正确的是_____。
A. 随机存储器(RAM)的意思是当程序运行时,每次具体分配给程序的内存位置是随机
而不确定的
B. 1 MB 内存通常是指 1 024 × 1 024 字节大小的内存
C. 计算机内存严格说来包括主存(memory)、高速缓存(cache)和寄存器(register)三个部分
D. 一般内存中的数据即使在断电的情况下也能保留 2 个小时以上

4. 一个字节(byte)由_____个二进制位组成。
A. 8　　　　　　　　B. 16　　　　　　　　C. 32　　　　　　　　D. 以上都有可能

5. 在计算机内部用来传送、存储、加工处理的数据或指令都是以_____形式进行的。
A. 二进制码　　　　B. 八进制码　　　　C. 十进制码　　　　D. 智能拼音码

6. 计算机存储数据的基本单位是_____。
A. bit　　　　　　　B. Byte　　　　　　　C. GB　　　　　　　D. KB

7. 二进制数 111.101 所对应的十进制数是_____。
A. 5.625　　　　　　B. 5.5　　　　　　　C. 6.125　　　　　　D. 7.625

8. 十进制小数 13.375 对应的二进制数是_____。
A. 1101.011　　　　B. 1011.011　　　　C. 1101.101　　　　D. 1010.01

9. 十进制小数 125.125 对应的八进制数是_____。
A. 100.1　　　　　　B. 175.175　　　　　C. 175.1　　　　　　D. 100.175

10. 与二进制小数 0.1 相等的八进制数是_____。

A. 0.8   B. 0.4   C. 0.2   D. 0.1

11. 在十六进制表示法中,字母 A 相当于十进制中的_____。

A. 9   B. 10   C. 15   D. 16

12. 下列各无符号十进制整数中,能用八位二进制表示的数中最大的是_____。

A. 296   B. 133   C. 256   D. 199

13. 在 8 位二进制补码中,10101011 表示的数是十进制下的_____。

A. 43   B. −85   C. −43   D. −84

14. 下面关于算法的错误说法是_____。

A. 算法必须有输出

B. 算法必须在计算机上用某种语言实现

C. 算法不一定有输入

D. 算法必须在有限步执行后能结束

15. 在下列关于计算机算法的说法中,不正确的是_____。

A. 一个正确的算法至少要有一个输入

B. 算法的改进在很大程度上推动了计算机科学与技术的进步

C. 判断一个算法的好坏的主要标准是算法的时间复杂性与空间复杂性

D. 目前仍然存在许多涉及国计民生的重大课题,还没有找到能够在计算机上实施的有效算法

第2章 数据类型、运算符与表达式

单选题

1. 表达式 10!=9 的值是_____。

A. true   B. 非 0 值,可能是 2

C. 0   D. 1

2. C 语言提供的合法的数据类型关键字是_____。

A. Double   B. short   C. integer   D. Char

3. 设 int a=12,则执行完语句 a+=a−=a*a 后,a 的值是_____。

A. 552   B. 264   C. 144   D. −264

4. 执行下面程序中的输出语句后,输出结果是_____。

```c
#include<stdio.h>
int main(void)
{
    int a;
    printf("%d\n",(a=3*5,a*4,a+5));
}
```

A. 20　　　　　　　B. 65　　　　　　　C. 15　　　　　　D. 10

5. 下面程序的输出是_____。

```c
#include<stdio.h>
int main(void)
{
    int x=023;
    printf("%d\n",--x);
    return 0;
}
```

A. 17　　　　　　　B. 18　　　　　　　C. 23　　　　　　D. 24

6. 下面程序输出的是_____。

```c
#include<stdio.h>
int main(void)
{
    int x=10,y=3;
    printf("%d\n",y=x/y);
}
```

A. 0　　　　　　　B. 1　　　　　　　C. 3　　　　　　　D. 不确定的值

7. 已知字母 A 的 ASCII 码为十进制的 65,下面程序的输出是_____。

```c
#include<stdio.h>
int main(void)
{
    char ch1,ch2;
    ch1='A'+'5'-'3';
    ch2='A'+'6'-'3';
    printf("%d,%c\n",ch1,ch2);
    return 0;
}
```

A. 67,D　　　　　　B. B,C　　　　　　C. C,D　　　　　　D. 不确定的值

8. 设有如下定义: int x=10,y=3,z;,则语句 printf("%d\n",z=(x%y,x/y)); 的输出结果是_____。

A. 1　　　　　　　B. 0　　　　　　　C. 4　　　　　　　D. 3

9. 为表示数学上的关系 x ≥ y ≥ z,应使用 C 语言表达式_____。

A. (x>=y)&&(y>=z)　　　　　　　B. (x>=y)AND(y>=z)

C. (x>=y>=z)　　　　　　　　　D. (x>=y) & (y>=z)

10. C 语言中基本数据类型包括_____。

A. 整型,实型,字符型　　　　　　B. 整型,实型,语句

C. 整型,数值,字符型   D. 整型,空类型,字符型

11. 若 x 和 y 都是 int 型变量,x=100,y=200,且有下面的程序片段:printf("%d",(x,y));,程序片段的输出结果是_____。

A. 200   B. 100

C. 100 200   D. 输出格式符不够,输出不确定的值

12. 阅读下面的程序:

```
#include<stdio.h>
int main(void)
{
    int i,j;
    i=010;
    j=9;
    printf("%d,%d",i-j,i+j);
}
```

则程序的运行结果是_____。

A. 1,19   B. -1,19   C. 1,17   D. -1,17

13. 阅读下面的程序:

```
#include<stdio.h>
int main(void)
{
    int i,j,m,n;
    i=8;j=10;
    m=++i;
    n=j++;
    printf("%d,%d,%d,%d",i,j,m,n);
}
```

程序的运行结果是_____。

A. 8,10,8,10   B. 9,11,8,10   C. 9,11,9,10   D. 9,10,9,11

14. 若已定义 int a,则表达式 a=10,a+10,a 的值是_____。

A. 20   B. 10   C. 21   D. 11

15. 下面程序的输出结果是_____。

```
#include<stdio.h>
int main(void)
{
    int a=-1, b=4, k;
    k=(++a<=0)&&(b--<=0);
```

```
    printf("%d,%d,%d\n",k,a,b);
}
```

A. 1,1,2   B. 1,0,3   C. 0,1,2   D. 0,0,3

16. 若有以下定义和语句：int a=010, b=0x10, c=10; printf("%d,%d,%d\n",a,b,c); 则输出结果是_____。

A. 10,10,10   B. 8,16,10   C. 8,10,10   D. 8,8,10

17. 已知有 double 型变量 x=2.5,y=4.7,整型变量 a=7,则表达式 x+a%3*(int)(x+y)%2/4 的值是_____。

A. 2.4   B. 2.5   C. 2.75   D. 0

18. 表达式 5!=3 的值是_____。

A. T   B. 5   C. 0   D. 1

19. 若有定义 int a=12, n=5,则表达式 a%=(n%2) 运算后,a 的值_____。

A. 0   B. 1   C. 12   D. 6

20. C 语言中的变量名只能由字母、数字和下画线三种字符组成,且第一个字符_____。

A. 必须为字母   B. 必须为下画线

C. 必须为字母或下画线   D. 可以是字母、数字或下画线中的任意一种

21. 设有定义：char w; int x; float y; double z;,则表达式：w*x+z-y 值的数据类型是_____。

A. float   B. char   C. int   D. double

22. 设 ch 是 char 型变量,值为 'A',则表达式 ch=(ch>='A' && ch<='Z')?ch+32:ch 的值是_____。

A. Z   B. a   C. z   D. A

23. 有 short a=3,b=4,c=0;,则表达式 a<b<c 的值是_____。

A. 1   B. 0   C. -1   D. 表达式不对

24. 有 double x=3,y=4;,则 x>y?x:y 的值是_____, 有 double x=4,y=3;,则 x>y?x:y 的值是_____。

A. 3,3   B. 4,4   C. 3,4   D. 4,3

25. 有 int x=4, y=5;,则 x && y 的值是_____。

A. 1   B. 0   C. -1   D. 表达式不正确

26. 有 int x=3,y=4;,则表达式 x-y && x+y 的值是_____。

A. 0   B. 1   C. 2   D. -1

27. 有 int x=3,y=3;,则表达式 x-y || x+y 的值是_____。

A. 1   B. 0   C. 表达式错误   D. -1

28. 表达式 y=i+(a=7) 在计算时产生_____个副作用。

A. 1   B. 0   C. 3   D. 2

29. 有 char a='A',b='1';,则 a-b 的整数值是_____。

A. 表达式错误   B. 64   C. 16   D. 66

30. 有 char c='b',则 printf("%c",c-1) 的输出结果是_____。

A. b   B. A   C. a   D. 代码错误

31. 表达式 '9'-'1' 的整数值是_____。

A. 8   B. 9   C. 7   D. 4

32. 有 int x=3,则表达式 x>'2' 的结果是_____。

A. 0   B. 1   C. 无结果   D. 表达式语法错误

33. 有 int x=4;,条件表达式 x++>5 ? x+10:x-2 的值是_____。

A. 2   B. 3   C. 14   D. 15

34. 有 int x=-10;,则 !x 的值是_____。

A. 10   B. 1   C. 0   D. -10

35. 有 int x=5,y=7;,则 !(x-y) 的值为_____。

A. 0   B. 2   C. -2   D. 1

36. 有 unsigned math, C;,如果 math>=60 && C>=60 的值为 1,则下面_____可能是 math,C 的值。

A. 60,90   B. 50,90   C. 90,45   D. 90,0

37. 如果 unsigned math,C;,若 math>=60 || C>=60 的值是 1,且规定 60 分以上及格,则_____。

A. math 和 C 必须均及格   B. math 和 C 必须至少有一个及格

C. math 和 C 均可不及格   D. math 必须及格,C 无所谓

38. 有 int a=5,b=6,则表达式 a+a>b 的值是_____。

A. 1   B. 6   C. 5   D. 4

39. 有 int a=5,b=6;,则赋值表达式 a=a+b 的值是_____。

A. 赋值表达式没有结果值   B. 5

C. 11   D. 6

40. 字符 '1' 与 1 的区别是_____。

A. 没有区别

B. 字符 '1' 是用它的 ASCII 表示,而数字 1 就是 1 本身。

C. '1' 以字符串的形式存放在内存中,1 以整数的形式存放在内存中。

D. '1' 不能与整数相加,而 1 可以。

41. 在下列选项中,不正确的赋值语句是_____。

A. a=++t;   B. n1=(n2=(n3=0)); C. k=i=j;   D. a=b+c=1;

42. 下面合法的 C 语言字符常量是_____。

A. '\t'   B. "A"   C. 65   D. A

43. 下列数据_____不是字符。

A. '\045'   B. '1'   C. 'AB'   D. '\0'

44. 表达式 !5+!0 的值是_____。

A. 0   B. 1   C. 11   D. 2

45. 有 int x=5,y=6;,则表达式 x||(y=x+y);,则执行完此表达式后,x 和 y 的值分别是_____。

A. 5,6   B. 5,11   C. 5,1   D. 11,6

46. 有 int x=5,y=6;,则表达式 !x &&(y=x+y);,则执行完此表达式后,x 和 y 的值分别是_____。

A. 0,11   B. 5,11   C. 6,11   D. 5,6

47. 当 x 和 y 的值分别是 2,3 时,逗号表达式 x+y,y=x+y,y=x−y,的值是_____。

A. 3   B. −5   C. −3   D. 7

48. 以下程序段运行结果是_____。

```
int x=1,y=1,z=-1;
x+=y+=z;
printf("%d\n",x<y?y:x);
```

A. 1   B. 2   C. 4   D. 不确定的值

49. 执行下列程序后的输出结果是_____。

```
#include <stdio.h>
int main(void)
{
    int k=4,a=3,b=2,c=1;
    printf("%d\n",k<a?k:c<b?c:a);
    retrun 0;
}
```

A. 4   B. 3   C. 2   D. 1

50. 以下条件表达式中能完全等价于表达式 !x 的是_____。

A. x==0   B. x!=0   C. x==1   D. x!=1

第 3 章　简单的程序设计

一、单选题

1. 以下说法中正确的是_____。

A. C 语言程序总是从第一个函数开始执行

B. 在 C 语言程序中,要调用的函数必须在 main() 函数中定义

C. C 语言程序总是从 main() 函数开始执行

D. C 语言程序中的 main() 函数必须放在程序的开始部分

2. 以下叙述正确的是_____。

A. 在 C 程序中,每行只能写一条语句

B. 若 a 是实型变量,C 程序中允许赋值 a=10,因此实型变量可存放整型数

C. 在 C 程序中,% 是只能用于整数运算的运算符

D. 在 C 程序中,无论是整数还是实数,都能被准确无误地表示

3. 下列叙述中错误的是_____。

A. 一个 C 语言程序只能实现一种算法

B. C 程序可以由多个程序文件组成

C. C 程序可以由一个或多个函数组成

D. 一个 C 函数可以单独作为一个 C 程序文件存在

4. 以下叙述不正确的是_____。

A. 在 C 程序中,逗号运算符的优先级最低

B. 在 C 程序中,MAX 和 max 是两个不同的变量

C. 若 a 和 b 类型相同,在计算了赋值表达式 a=b 后,b 中的值将放入 a 中,b 中的值不变

D. 当从键盘输入数据时,对于整型变量只能输入整型数值,对于实型变量只能输入实型数值

5. 在 C 语言中,用于包含标准输入输出库的头文件是_____。

A. #include <stdio.h>   B. #include "stdio.h"

C. #include <input.h>   D. #include <output.h>

6. 下列程序的输出是_____。

```
#include <stdio.h>
void main()
{printf("%d\n",null);}
```

A. 0   B. 变量无定义   C. −1   D. 1

7. 以下标识符中,合法的标识符是_____。

A. 1abc   B. _isw   C. float   D. b-bwhile

8. C 语言源程序名的后缀是_____。

A. .exe   B. .c   C. .obj   D. .cp

9. 计算机能直接执行的程序是_____。

A. 源程序   B. 目标程序   C. 汇编程序   D. 可执行程序

10. 若变量 x、y 已正确定义并赋值,以下符合 C 语言语法的表达式是_____。

A. ++x,y=x−−   B. x+1=y   C. x=x+10=x+y   D. double(x)/10

11. 以下关于 long、int 和 short 类型数据占用内存大小的叙述中正确的是_____。

A. 均占 4 个字节

B. 根据数据的大小来决定所占内存的字节数

C. 由用户自己定义

D. 由 C 语言编译系统决定

12. 下列属于 C 语言的关键字是_____。

A. int   B. main   C. sum   D. printf

13. 已知字符 'A' 的 ASCII 代码值是 65,字符变量 c1 的值是 'A',c2 的值是 'D'。执行语句 printf("%d,%d",c1,c2−2); 后,输出结果是_____。

A. A,B   B. A,68   C. 65,66   D. 65,68

14. 正确地声明了一个整数变量并初始化为 10 的选项是_____。

A. int = 10;   B. int a = 10;   C. 10 = a;   D. a = int 10;

15. 有下列代码,输出结果是_____。

```c
#include<stdio.h>
int main(void)
{
    int a,b,c=246;
    a=c/100%9;
    b=(-1)&&(-1);
    printf("%d,%d\n",a,b);
    return 0;
}
```

A. 2,1   B. 3,2   C. 4,3   D. 2,−1

二、编程题

1. 已知正方形的边长为 4,根据已知的条件计算出正方形的周长,并将其输出。
2. 输入 2 个整数,求两数的平方和并输出。
3. 任意输入一个字符,输出此字符对应的 ASCII 码。

第 4 章 选择结构程序设计

一、单选题

1. 下列程序执行后的输出结果是_____。

```c
#include <stdio.h>
int main(void)
{
    int a=5,b=60,c;
    if (a<b)
    {
        c=a*b;
        printf("%d*%d=%d\n",b,a,c);
    }
    else
    {
        c=b/a;
        printf("%d/%d=%d\n",b,a,c);
    }
}
```

```
        return 0;
    }
```

A. 60/5=12   B. 300   C. 60*5=300   D. 12

2. 如果 c 为字符型变量,判断 c 是否为空格不能使用_____(已知空格 ASCII 码为 32)。

A. if(c=='32')   B. if(c==32)   C. if(c=='\40')   D. if(c==' ')

3. 为了避免嵌套的 if-else 语句的二义性,C 语言规定 else 总是与_____组成配对关系。

A. 缩排位置相同的 if   B. 在其之前未配对的 if

C. 在其之前尚未配对的最近的 if   D. 同一行上的 if

4. 运行下面程序时,若从键盘输入 "3,5<CR>",则程序的输出结果是_____(<CR> 表示键盘中回车键)。

```c
#include <stdio.h>
int main( )
{
    int x,y;
    scanf("%d,%d",&x,&y);
    if (!(x-y))
        printf("x==y");
    else if (x>y)
        printf("x>y");
    else
        printf("x<y");
}
```

A. 3<5   B. 5<3   C. x>y   D. x<y

5. 运行下面程序时,若从键盘输入数据为 "6,5,7<CR>",则输出结果是_____。

```c
#include <stdio.h>
int main(void)
{
    int a,b,c;
    scanf("%d,%d,%d",&a,&b,&c);
    if (a>b)
        if (a>c)
            printf("a>c:%d\n",a);
        else
            printf("a<c:%d\n",c);
    else
        if (b>c)
```

```
        printf("b>c:%d\n",b);
    else
        printf("b<c:%d\n",c);
    return 0;
}
```

A. b>c:5   B. a>c:6   C. a<c:7   D. 不定值

6. 执行下面程序时,若从键盘输入 "2<CR>",则程序的运行结果是_____。

```
#include <stdio.h>
int main( )
{
    int k; char cp;
    cp=getchar( );
    if (cp>='0' && cp<='9')
        k=cp-'0';
    else
        if(cp>='a'&& cp<='f')
            k=cp-'a'+10;
        else
            k=cp-'A'+10;
    printf("%d\n",k);
    return 0;
}
```

A. 2   B. 4   C. 1   D. 10

7. 运行下面程序时,从键盘输入 "2.0<CR>",则输出结果是_____。

```
#include <stdio.h>
int main(void)
{
    float a,b;
    scanf("%f",&a);
    if (a<0.0)
        b=0.0;
    else if ((a<0.5) && (a!=2.0))
        b=1.0/(a+2.0);
    else if (a<10.0)
        b=1.0/2;
    else
        b=10.0;
```

```
    printf("%f\n",b);
    return 0;
}
```

A. 0.000000   B. 0.500000   C. 1.000000   D. 0.250000

8. 判断一个整数既能被 3 整除又能被 7 整除,if() 中的控制表达式应该写成_____。

A. x%3==0 && x%7==0   B. x%3==0 || x%7==0

C. x%3!=0 && x%7!=0   D. !(x%3==0 && x%7==0)

9. 运行下面程序时,从键盘输入字母 H,则输出结果是_____。

```
#include <stdio.h>
int main( )
{
    char ch;
    ch=getchar( );
    switch(ch)
    {
    case 'H':printf("Hello!\n");
    case 'G':printf("Good morning!\n");
    default:printf("Bye_Bye!\n");
    }
}
```

A. Hello!   B. Good morning!

C. Bye_Bye!   D. Hello!

                                          Good morning!

                                          Bye_Bye!

10. 运行下面程序时,若从键盘输入 "3,4 <CR>",则程序的输出结果是_____。

```
#include <stdio.h>
int main(void)
{
    int a,b,s;
    scanf("%d,%d",&a,&b);
    s=a;
    if (s<b)
        s=b;
    s=s*s;
    printf("%d\n",s);
    return 0;
}
```

A. 14　　　　　　　B. 16　　　　　　　C. 18　　　　　　　D. 20

11. 下列程序的执行结果是_____。

```
#include <stdio.h>
int main(void)
{
    int x=0,y=1,z=0;
    if (x=z=y)
        x=3;
    printf("%d,%d\n",x,z);
    return 0;
}
```

A. 3,0　　　　　　　B. 0,0　　　　　　　C. 0,1　　　　　　　D. 3,1

12. 假定等级和分数有以下对应关系:等级 A,分数 85 ~ 100;等级 B,分数 60 ~ 84,等级 C,分数 60 以下。对于等级 grade 输出相应的分数区间,能够完成该功能的程序段是_____。

A.
```
switch (grade){
case 'A':printf("85--100\n");
case 'B':printf("60--84\n");
case 'C':printf("60 以下 \n");
default:printf(" 等级错误 !\n");
}
```

B.
```
switch (grade){
case 'A':printf("85--100\n");break;
case 'B':printf("60--84\n");
case 'C':printf("60 以下 \n");
default:printf(" 等级错误 !\n");
}
```

C.
```
switch (grade){
case 'A':printf("85--100\n");break;
case 'B':printf("60--84\n");break;
case 'C':printf("60 以下 \n");
default:printf(" 等级错误 !\n");
}
```

D.
```
switch (grade){
case 'A':printf("85--100\n");break;
case 'B':printf("60--84\n");break;
case 'C':printf("60 以下 \n");break;
default:printf(" 等级错误 !\n");
}
```

13. 以下程序的执行结果是_____。

```
#include <stdio.h>
int main(void)
{
    int x=1,y=0;
    switch (x)
    {
    case 1:
        switch (y)
```

```
        {
        case 0:printf("first\n");break;
        case 1:printf("second\n");break;
        }
    case 2: printf("third\n");
    }
    return 0;
}
```

A. first   B. first   C. first   D. second
               third   second   third

14. 以下程序的执行结果是_____。

```
#include <stdio.h>
int main(void)
{
    int a,b,c,d;
    a=c=0; b=1; d=20;
    if (a)
        d=d-10;
    else if(!b)
        if (!c)
            d=15;
        else
            d=25;
    printf("d=%d\n",d);
    return 0;
}
```

A. d=20   B. d=15   C. d=25   D. 代码错误

15. 有如下程序:

```
#include <stdio.h>
int main(void)
{
    int a=2,b=-1,c=2;
    if (a<b)
        if (b<0)
            c=0;
        else c++;
    printf("%d\n",c);
```

```
    return 0;
}
```

该程序的输出结果是_____。

A. 0   B. 1   C. 2   D. 3

16. 下列程序执行后的输出结果是_____。

```
#include <stdio.h>
int main(void)
{
    int x,y=1,z;
    if ((z=y)<0)
        x=4;
    else if (0==y)
        x=5;
    else x=6;
    printf("%d,%d\n",x,y);
    return 0;
}
```

A. 4,1   B. 6,1   C. 5,0   D. 代码错误

17. 有如下程序：

```
#include <stdio.h>
int main(void)
{
    int x=1,a=0,b=0;
    switch(x)
    {
    case 0: b++;
    case 1: a++;
    case 2: a++;b++;
    }
    printf("a=%d,b=%d\n",a,b);
    return 0;
}
```

该程序的输出结果是_____。

A. a=2,b=1   B. a=1,b=1   C. a=1,b=0   D. a=2,b=2

18. 以下程序的输出结果是_____。

```c
#include <stdio.h>
int main(void)
{
    int a=100;
    if (a>100)
        printf("%d\n",a>100);
    else
    printf("%d\n",a<=100);
    return 0;
}
```

A. a<=100　　　　　　B. a>100　　　　　　C. 0　　　　　　D. 1

19. 运行下面程序时,若从键盘输入数据为 "123",则输出结果是_____。

```c
#include "stdio.h"
int main(void)
{
    int num,i,j,k,place;
    scanf("%d",&num);
    if (num>99)
        place=3;
    else
        if(num>9)
            place=2;
        else
            place=1;
    i=num/100;
    j=(num-i*100)/10;
    k=(num-i*100-j*10);
    switch (place)
    {
    case 3: printf("%d%d%d\n",k,j,i); break;
    case 2: printf("%d%d\n",k,j); break;
    case 1: printf("%d\n",k);
    }
    return 0;
}
```

A. 123　　　　　　B. 1,2,3　　　　　　C. 321　　　　　　D. 3,2,1

20. 下列代码执行的结果是_____。

```c
#include <stdio.h>
int main(void)
{
    int a=15,b;
    b=a>15?a+10:a-10;
    if(!b)
        printf("%d\n",b) ;
    else
        printf("%d\n",a) ;
    return 0;
}
```

A. 5　　　　　　　B. 15　　　　　　C. 20　　　　　　　D. 1

21. 下列程序不正确的是_____。

A.
```c
int a = 5,b = 6;
if(a>b)
    printf("a"); b = b + 1;
else
    printf("b");
```

B.
```c
int a = 5,b = 6;
if(a>b && b)
    b = b + 1;
else
    b = b + 2;
```

C.
```c
int a = 5,b = 6,c = 7;
if(a<b,a<c)
    printf("a");
else
    printf("b");
```

D.
```c
int a = 5,b = 6,c = 7;
if(a>b)
    b = b + 1;
else
    c = a + b,b = a;
```

二、编程题

1. 求费用。

有物体运输付费,20 kg 及以下的付费 100 元,以后每加 10 kg(不足按 10 kg 算),多付费 5 元,现要求输入物体重量,输出应付的费用。输入为整数,输出时只输出整数费用值。

2. 求三角形面积。

输入三角形的三条边 a、b、c,输出它的面积值(保留 3 位小数点位),要求判断输入值的正确性,即两边之和大于第三条,不符合这一条件,输出 "error",符合这一条件,才输出面积。(输入边长时,各数据之间用空格分开)

输入样式:3 4 5

输出样式:6.000

3. 用 switch 语句完成。

某工地有物品,分别贴上了 A 到 Z 类型的标签,标签的意思是 A 到 E 等级是优秀,F 到 J 等级是良,依次类推,每隔五个等级降一等,以后分别是中、合格、基本合格,标签为 Z 的不合格。现输入标签号,要求输出等级。(要求用 switch 语句)

4. 用 if-else 语句完成第 3 题。

某工地有物品,分别贴上了 A 到 Z 类型的标签,标签的意思是 A 到 E 等级是优秀,F 到 J 等级是良,依次类推,每隔五个等级降一等,分别是中,合格,基本合格,标签为 Z 的不合格。现输入标签号,要求输出等级。(要求用嵌套的 if-else 语句)

第 5 章　循环结构程序设计

一、单选题

1. do 语句 while(控制表达式); 这样的 do 语句,是如何执行的_____。

A. 先计算控制表达式,如果其值是非 0,则执行语句。循环直到控制表达式的值为 0

B. 先执行语句,再计算控制表达式的值,如果其值是非 0,则循环执行语句,直到控制表达式的值为 0

C. 这条 do 语句存在语法错误,不能执行。

D. 先执行语句,再计算控制表达式的值,仅当此值为 1 时继续执行语句,否则执行完毕。

2. 以下代码段_____。

```
x=-1;
do
{
    x=x*x;
}while (!x);
```

A. 是死循环　　　　B. 循环体执行两次　C. 循环体执行一次　D. 有语法错误

3. 对下面程序段描述正确的是_____。

```
int x=0,s=0;
while (!x!=0)
    s+=++x;
printf("%d",s);
```

A. 运行程序段后输出 0　　　　　　　B. 运行程序段后输出 1

C. 程序段中的控制表达式是非法的　　D. 程序段循环无数次

4. 下面程序段的运行结果是_____。

```
int n=0;
while (n++<=2)
    printf("%d",n);
```

A. 123   B. 012   C. 234   D. 不输出

5. 有 int sum=0,i=1;,则下列_____代码可以计算出 1+2+…+100 的结果(结果放在 sum 中)。

A. while(i<=100)
  sum=i;

B. while(i<=100)
  sum+=i;

C. while(i<=100)
  sum=i+1;

D. while(sum=sum+i,i=i+1,i<=100);

6. 有 int s=0,i=1;,则

```
while (s<=10)
{
    s=s+i*i;
    i++;
}
```

的循环体执行了_____次,且 while 语句执行完成后,s 的值是_____。

A. 3,10   B. 4,10   C. 3,14   D. 4,14

7. "for(表达式 1; 表达式 2; 表达式 3)"语句中,根据_____的值是 0,退出循环。

A. 表达式 1   B. 表达式 2

C. 表达式 3   D. 表达式 2 和表达式 3

8. 根据以下近似公式求 π 值:

$$(\pi * \pi)/6 = 1 + 1/(2*2) + 1/(3*3) + \cdots + 1/(n*n)$$

则当 n 给定且 n,i 均定义成 int 型后,用循环来求 π:

```
for(i=1;i<=n;i++)
    s=s+_____ ;
s=(sqrt(6*s));
```

在下画线处应填_____。

A. 1/i*i   B. 1.0/i*i   C. 1.0/(i*i)   D. 1.0/(n*n)

9. 下面程序段的运行结果是_____。

```
for(int x=10;x>3;x--)
{
    if(x%3)
        x--;
    --x;
}
```

```
    --x;
    printf("%d ",x);
}
```

A. 6 3   B. 7 4   C. 6 2   D. 7 3

10. 有 double x = 2.0,z;int y = 8,i;,则下面_____可以实现求 x 的 y 次方。

A.
```
    for(i=1;i<y;i++)
      z=z*x;
```

B.
```
    for(i=1;i<=y;i++)
      z=z*x;
```

C.
```
    for(i=1,z=x;i<y;i++)
      z=z*x;
```

D.
```
    for(i=1,z=1;i<y;i++)
      z=z*x;
```

11. 有 int x = 23;,则下面循环语句输出的结果是_____。

```
do
{
    printf("%d",x);
    x--;
}while(!x);
```

A. 22   B. 23   C. 循环语句错误   D. 死循环

12. 以下程序段的执行结果是_____。

```
int i,j,m=0;
for(i=1;i<=15;i+=4)
    for(j=3;j<=19;j+=4)
        m++;
printf("%d\n",m);
```

A. 12   B. 15   C. 20   D. 25

13. 下面程序的输出结果是_____。

```
#include<stdio.h>
int main(void)
{
    int i;
    for(i=1;i<6;i++){
        if (i%2!=0)
        {
            printf("#");
            continue;
```

```
        }
        printf("*");
    }
    printf("\n");
    return 0;
}
```

A. #*#*#   B. #####   C. *****   D. *#*#*

14. 以下循环体的执行次数是_____。

```
#include<stdio.h>
int main(void)
{
    int i,j;
    for(i=0,j=1; i<=j+1; i+=2,j--)
        printf("%d \n",i);
    return 0;
}
```

A. 3   B. 2   C. 1   D. 0

15. 在执行以下程序时,如果从键盘上输入:ABCdef< 回车 >,则输出为_____。

```
#include <stdio.h>
int main(void)
{
    char ch;
    while ((ch=getchar())!='\n')
    {
        if (ch>='A' && ch<='Z')
            ch=ch+32;
        else if (ch>='a' && ch<'z')
            ch=ch-32;
        printf("%c",ch);
    }
    printf("\n");
}
```

A. ABCdef   B. abcDEF   C. abc   D. DEF

16. 下面程序是计算 n 个数的平均值,填空正确的是_____。

```
#include<stdio.h>
int main(void)
```

```
{
    int i,n;
    float x,avg=0.0;
    scanf("%d",&n);
    for(i=0;i<n;i++)
    {
        scanf("%f",&x);
        avg=avg+_____;
    }
    avg=_____;
    printf("avg=%f\n",avg);
    return 0;
}
```

A. &x,x/i   B. x,x/i   C. x,avg/n   D. &x,x/n

17. 以下程序的功能是：从键盘上输入若干个学生的成绩，统计并输出最高成绩和最低成绩，当输入负数时结束输入。横线上应该填_____。

```
#include<stdio.h>
int main(void)
{
    float x,amax,amin;
    scanf("%f",&x);
    amax=x;
    amin=x;
    while (_____){
        if (x>amax)
            amax=x;
        if (_____)
            amin=x;
        scanf("%f",&x);
    }
    printf("\namax=%f\namin=%f\n",amax,amin);
    return 0;
}
```

A. x<=0,x>amin   B. x<0,x<amin   C. x>0,x>amin   D. x>=0,x<amin

18. 下面程序执行时输出的结果是_____。

```
#include<stdio.h>
int main(void)
```

```
{
    int y=9;
    for(;y>0;y--)
    {
        if(y%3==0)
        {
            printf("%d",--y);
            continue;
        }
    }
    return 0;
}
```

A. 741　　　　　　　　B. 852　　　　　　　　C. 963　　　　　　　D. 875 421

19. 语句 while(!e); 中的条件 !e 等价于_____。

A. e==0　　　　　　　B. e!=1　　　　　　　C. e!=0　　　　　　D. e-1

20. 以下叙述正确的是_____。

A. continue 语句的作用是结束整个循环的执行

B. 只能在循环体内和 switch 语句体内使用 break 语句

C. 在循环体内使用 break 语句或 continue 语句的作用相同

D. 从多层循环嵌套中退出时,只能使用 goto 语句

21. 当有 int i=100; 时,在下列选项中没有构成死循环的程序段是_____。

A. for(;;);

B. while (1){
　　　i=i%100+1;
　　　if (i>100)
　　　　break;
　　}

C. do {++i;} while (i<200);

D. while(i) i++;

22. 若 i 为整型变量,则以下循环语句的循环体执行次数是_____次。

```
for(i=2;i==0;)
    printf("%d",i--);
```

A. 无限　　　　　　　B. 0　　　　　　　　C. 1　　　　　　　D. 2

23. C 语言中 while 语句和 do 语句执行循环的主要区别是_____。

A. do 语句的循环体至少无条件执行一次,while 语句的循环则不一定

B. while 语句的循环控制条件比 do 语句的循环控制条件严格

C. do 语句允许从外部转到循环体内,而 while 语句不允许

D. do 语句中循环体不能用复合语句。而 while 语句可能用

24. 对于 for(表达式 1;; 表达式 3) 可理解为_____。

A. for(表达式 1;0; 表达式 3) B. for(表达式 1;1; 表达式 3)

C. for(表达式 1; 表达式 1; 表达式 3) D. for(表达式 1; 表达式 3; 表达式 3)

25. 下列程序执行后输出的结果是_____。

```c
#include<stdio.h>
int main(void)
{
    int i,j=1,sum=0;
    for(int i=2;i>=0;i--)
    {
        do
        {
            sum+=i+j;
            j++;
        }while(j<3);
    }
    printf("%d",sum);
    return 0;
}
```

A. 15 B. 12 C. 9 D. 6

二、编程题

1. 计算阶乘 n!

输入正整数 n,用循环计算 n 的阶乘值,并输出。

输入样例:5

输出样例:120

2. 求阶乘的和。

编程求 1!+2!+3!+⋯+n! 的值。编程计算后直接输出结果值。

输入样例:6

输出样例:873

3. 求最大公约数和最小公倍数。

输入两个正整数 m 和 n,分别输出它们最大公约数和最小公倍数。输入时用空格分开两个数,输出时最大公约数在前,最小公倍数在后,中间用空格分开。如输入:3 5,输出 1 15。

4. 字符计数。

从键盘上输入一行字符,统计其中英文字母、数字和其他字符的个数。

提示:如果用 getchar() 获取字符,当获取到字符是 '\n' 时,表示一行字符输入结束。

输入样例:abc e3f4 !A   输出:6 2 3

5. 求奇数和偶数之和。

输入一个正整数 N,计算 1 到 N 之间的奇数之和及偶数之和,并输出。输出时,奇数和在前,偶数和在后,中间用空格分开。如输入:5,输出:9 6。

6. 求 101 到 150 之间的素数之和。

7. 求一个整数的两个因子。

输入一个正整数,求出它的所有成对的正整数因子,但如果因子的前后顺序不一样,算同一对因子,如整数 10 中,2 和 5 与 5 和 2 算同一对。输出时,一对因子占一行,且因子之间用空格分开,因子小的在前,如输入 10,输出:

```
1 10
2 5
```

第 6 章   指针(基础)

一、单选题

1. 以下哪个选项正确地描述了变量的指针? _____
A. 变量的值   B. 变量的地址   C. 变量的名字   D. 变量的一个标识
2. 若有以下代码段:

```
int x = 10;
int *p = &x;
*p = 20;
```

执行完毕后,x 的值是_____。
A. 10   B. 20   C. 无法确定   D. 程序会出错
3. 假设有以下的变量定义和指针赋值:

```
int x = 10;
int *p = &x;
```

以下哪个选项可以正确输出变量 x 的值? _____
A. printf("%d", p);   B. printf("%p", p);   C. printf("%d", *p);   D. printf("%p", *p);
4. 假设 p 是一个指向整数的指针,则 p+1 表示_____。
A. 指针 p 所指向的整数值加 1   B. 指针 p 的地址加 1
C. 指针 p 所指向的下一个整数的地址   D. 指针 p 所指向的整数的下一个地址
5. 若有以下代码段:

```
int a = 5;
int *p = &a;
a = *p + 1;
```

执行完毕后,变量 a 的值是_____。

A. 5　　　　　　　B. 6　　　　　　　C. 10　　　　　　　D. 无法确定

6. 以下选项的声明错误的是_____。

A. int *p;　　　　　B. int p*;　　　　　C. char *str;　　　　D. float *fp;

7. 若有语句 int *point,a=4 ;和 point=&a;下面均代表地址的一组选项是_____。

A. a, point, *&a　　　　　　　　　　B. &*a, &a, *point

C. *&point, *point, &a　　　　　　　D. &a, &*point, point

8. 设有定义:int a=3,b,*p=&a;,则语句 b=*&a;,使 b 的值是_____。

A. 3　　　　　　　B. 4　　　　　　　C. 5　　　　　　　D. 语法错误

9. 设指针 x 指向一个 int 型的指针变量,这个 int 型变量的当前值为 25,则 printf("%d\n",*x=50); 的输出是_____。

A. 1　　　　　　　B. 50　　　　　　　C. 0　　　　　　　D. *x=50 写法错误

10. 一个指针变量定义:long double *p;,则下面说法不正确的是_____。

A. p 是一个指针类型的变量

B. *p 是一个指针类型的变量

C. *p 是以 p 的值为编号的地址处的一个 long double 型变量

D. p 变量有独立的内存空间,其值是一个不确定的值

11. 有定义:int i,j=7,*p=&i, *t=&j;,请用指针写一条与语句 i=j; 等价的语句是_____。

A. p=t;　　　　　　B. i=*p;　　　　　C. *p=*t;　　　　　D. *t=*p;

二、编程题

1. 编写一个程序,使用指针交换两个整数的值。

2. 编写一个程序,使用指针和动态内存分配创建一个整数数组,并初始化数组的前 5 个元素为 1 到 5,然后输出这 5 个元素的值。

3. 编写一个函数,使用指针参数接收一个字符串,并计算该字符串的长度(不包括终止符 '\0')。

第7章　数组

一、单选题

1. 有一维数组定义:int a[5];,则执行语句 a[0]=a[0]+5; 后,a[0] 的值是_____。

A. 5　　　　　　　　　　　　　　　　B. 不确定值

C. 语法错误　　　　　　　　　　　　D. 为 a[0] 的内存地址加上 5 的值。

2. 有定义:float num[]={1,2,3},则 num 数组元素个数是_____。

A. 3　　　　　　　B. 不确定　　　　　C. 2　　　　　　　D. 4

3. 有定义：float a[10];，则 a 和它的元素的数据类型分别是_____。

A. float,float
B. float,float[10]

C. float[10],float[10]
D. float[10],float

4. 有定义 float a[10][5]，则 a 和它的元素的数据类型分别是_____和_____，数组的数据（即变量，如 a[i][j]）的数据是_____。

A. float,float,float
B. float[5],float[5],float

C. float[10][5],float[5],float
D. float[10],float[5],float

5. 有 int x[4][3]={1,2,3,4,5,6,7,8,9,10,11,12};，则 x 的第 0 个元素的数据类型是_____。

A. int　　　　　　B. int[3]　　　　　　C. int[4]　　　　　　D. int[4][3]

6. 有 int a[4][3]={1,2,3,4,5,6,7,8,9,10,11,12};，则_____可看成是 a 的第 0 行这个一维数组的数组名。

A. a　　　　　　B. a[0]　　　　　　C. a+1　　　　　　D. a[0][0]

7. 有 float a[2][3]={1,2,3};，则 a 可以看成是_____个一维数组派生而成，它们的元素用一维数组名表示为_____。

A. 2,a[0]、a[1]　　B. 3,a[0]、a[1]、a[2]　　C. 3,a、a[1]　　D. 2,a[1]、a[2]

8. 定义如下变量和数组：int i; int x[4][4]={1,2,3,4,5,6,7,8,9,10,11,12,13,14,15,16}; 则下面语句的输出结果是_____。

```
for(i=0;i<4;i++)
    printf("%3d",x[i][3-i]);
```

A. 1 5 9 13　　　　B. 1 6 11 16　　　　C. 4 7 10 13　　　　D. 4 8 12 16

9. 下面程序输出的结果是_____。

```
#include <stdio.h>
int main(void)
{
    int i,j,x=0;
    int a[6]={1,2,3,4,5,6};
    for(i=0,j=1;i<5;++i,j++)
        x+=a[i]*a[j];
    printf("%d\n",x);
    return 0;
}
```

A. 数组 a 中首尾的对应元素的乘积
B. 数组 a 中首尾的对应元素的乘积之和

C. 数组 a 中相邻各元素的乘积
D. 数组 a 中相邻各元素的乘积之和

10. 若有以下说明：char s1[ ]={"tree"},s2[]={"flower"};，则以下对数组元素或数组的输出语句中，正确的是_____。

A. printf("%s%s",s1[5],s2[7]);
B. printf("%c%c",s1,s2);

C. puts(s1);puts(s2);
D. puts(s1,s2);

11. 下列一维数组初始化语句中,正确且与语句 float a[]={0,3,8,0,9}; 等价的是_____。

A. float a[6]={0,3,8,0,9};　　　　　　B. float a[4]={0,3,8,0,9};

C. float a[7]={0,3,8,0,9};　　　　　　D. float　a[5]={0,3,8,0,9};

12. 运行下面程序段的输出结果是_____。

```
char s1[10]={'S','e','t','\0','u','p','\0'};
printf("%s",s1);
```

A. Set　　　　　　B. Setup　　　　　　C. Set up　　　　　　D. 'S"e"t'

13. 以下代码段的输出结果是_____。

```
char s[]="an apple";
printf("%d\n",strlen(s));
```

数组 s 的长度是_____。

A. 7,8　　　　　　B. 8,9　　　　　　C. 9,10　　　　　　D. 10,11

14. 若有定义:char c[10]={'E','a','s','t','\0};,则下述说法中正确的是_____。

A. c[7] 不可引用　　　　　　　　　　　B. c[6] 可引用,但值不确定

C. c[4] 不可引用　　　　　　　　　　　D. c[4] 可引用,其值为 0

15. 下列初始化语句中,正确且与定义 char c[]="string"; 等价的是_____。

A. char c[]={'s','t','r','i','n','g'};　　　B. char c[]='string';

C. char c[7]={'s','t','r','i','n','g','\0'};　　D. char c[7]={'string'};

16. 有定义 char c[]="string",则 c 是_____。

A. 一个一维数组名,它的值不能更改,且数据类型为 char[7]

B. 一个 char 型数据,且其值是 's'

C. 一个数据类型为 char[6] 的常量

D. 一个数据类型为 char[6] 的变量

17. 如有定义:char s1[5],s2[7]; ,要给数组 s1 和 s2 整体赋值(各字符串中没有空格),下列语句中正确的是_____。

A. s1=getchar(); s2=getchar();　　　　B. scanf("%s%s",s1,s2);

C. scanf("%c%c",s1,s2);　　　　　　　D. gets(s1,s2);

18. 以下程序输出的结果是_____。

```
#include <stdio.h>
int main(void)
{
    int a[]={5,4,3,2,1},i,j;
    long s=0;
    for(i=0;i<5;i++)
        s=s*10+a[i];
    printf("s=%ld\n",s);
```

```
        return 0;
    }
```

A. s=12345   B. s=5 4 3 2 1   C. s=54321   D. 以上都不对

19. 在定义 int a[5][6]; 后,数组 a 中的第 10 个变量是_____。(设 a[0][0] 为第一个变量)

A. a[2][5]   B. a[2][4]   C. a[1][3]   D. a[1][5]

20. 当接收用户输入的含有空格的字符串时,应使用_____函数。

A. gets   B. getchar   C. scanf   D. printf

21. 以下对二维数组 a 进行正确初始化的是_____。

A. int a[2][3]={ {1,2},{3,4},{5,6} };   B. int a[ ][3]={1,2,3,4,5,6 };

C. int a[2][ ]={1,2,3,4,5,6};   D. int a[2][ ]={ { 1,2},{3,4}};

22. 以下代码执行后的输出结果是_____。

```
#include <stdio.h>
int main(void){
    int a[4][4]={{1,3,5,},{2,4,6},{3,5,7}};
    printf("%d%d%d%d\n",a[0][0],a[1][1],a[2][2],a[3][3]);
    return 0;
}
```

A. 0650   B. 1470   C. 5430   D. 输出值不定

23. 已知 short int 类型变量占用两个字节,若有定义:short int x[10]={0,2,4};,则数组 x 在内存中所占字节数是_____。

A. 3   B. 6   C. 10   D. 20

24. 设有如下定义: char str[2][20]={ "hong", "Li"};,则以下说法中错误的是_____。

A. str 是个二维数组,可以存放 2 个 19 个以下给定字符的字符串

B. str 是个二维数组,每行中分别存放了字符串 "hong" 和 "Li"

C. str[0] 可以看作是一维数组名

D. str[0][0] 可以看作是一维数组名

25. 有字符数组 char name[2][20],用于存放两个人的姓名(无空格),从键盘输入两个名字到数组中的代码不正确的是_____。

A. scanf("%s%s",name[0],name[1]);   B. gets(name[0]);gets(name[1])

C. gets(name)   D. for(int i=0;i<2;i++)

                                              gets(name[i])

二、编程题

1. 输出一维数组的最小值下标。

有定义:int arr[10];,编写程序代码,输入数组中各变量值,输出一维数组中元素最小值及其下标。最小值在前,下标在后,中间用一个空格隔开。为便于头歌批改,代码中不要写输入

提示类的语句。

2. 一维数组元素值逆序。

把一个一维数组中的值按逆序存放。例如,原来的元素顺序为 1,2,3,4,5,要求改为按元素顺序为 5,4,3,2,1 的顺序存放(注意是逆序存放而不是逆序输出)。最后可输入下标,并输出该下标在逆序存放后的数组中元素的值。

数组用变长数组形成,先输入元素个数;然后换行输入各元素值,中间用空格分开,再换行输入下标值。

输入样例:

```
5
1 2 3 4 5
0
```

输出样例:

```
5
```

3. 改变字符串的值。

在 main 函数中,输入一个字符串,把它的所有小写字母均变成大写字母(不能用 strupr 函数),把空格变成 '_'。

4. 求矩阵外围数据的平均值。

有一个 float 型的二维数组,输出它最外围的所有数据的平均值。输入矩阵的行列数,中间用空格分开,换行输入矩阵数据,输入一行换行输入另一行。

输入样例:

```
3 4
1 2 3 4
5 6 7 8
9 10 11 12
```

输出(请保留一位小数):

```
6.5
```

第 7 章 数组(提高篇)

一、单选题

1. 设有数组定义:char array[ ] ="China";,则数组 array 所占的存储空间为_____。

A. 4 字节　　　　　　B. 5 字节　　　　　　C. 6 字节　　　　　　D. 7 字节

2. 设有数组定义:char array[]="China";,则_____。

A. 数组名 array 的数据类型是 char[5],其值与变量 array[0] 所在地址值一样

B. 数组名 array 的值是变量,没有固定值

C. 数组名 array 的值是常量,但与第 0 个元素的地址值不等

D. 数组名 array 的数据类型是 char[6],其值与变量 array[0] 所在地址值一样

3. 有二维数组 int a[3][4]={1,2,3,4,5};,则 a 的数据类型是_____,a 的元素的数据类型是_____。

A. int[3],int[3]   B. int[4],int[4]

C. int[3][4],int[4]   D. int[3][4],int[3]

4. 定义一个 char str[5][10]={"hong","zhang"};,则用于获取第 2 行(从 0 行计起)字符串的不正确代码是_____。

A. scanf("%s",str[2]);   B. scanf("%s",&str[2][0]);

C. gets(str[2])   D. gets(str[0]+2)

5. 有如下定义:int a[2][5]={0,1,2,3,4,5,6,7,8,9};,则数值不为 9 的表达式是_____。

A. a[2][4]   B. a[1][3]+1

C. a[1][5-1]   D. a[0][9]

6. 有如下定义:int a[2][5]={0,1,2,3,4,5,6,7,8,9};,则 a 与 a[0] 说法不正确的是_____。

A. a 是二维数组名,a[0] 可以作为第 0 行这个一维数组的数组名

B. a 的值与 a[0] 的值大小一样

C. a、a[0] 和 &a[0][0] 三者的值大小相等

D. a、a[0] 和 &a[0][0] 三者的值大小不等

7. 有如下定义:int a[2][5]={0,1,2,3,4,5,6,7,8,9};,则 a 与 a[0] 说法正确的是_____。

A. 数组 a 的元素类型是 int[2],一维数组 a[0] 的元素类型是 int

B. 数组 a 的元素类型是 int[5],一维数组 a[0] 的元素类型是 int

C. 数组 a 的元素类型是 int[2],一维数组 a[0] 没有可用的值

D. 数组 a 的元素类型是 int[5],一维数组 a[0] 没有可用的值

8. 两个一维字符数组 char sr1[10],str2[10]="Hong";,把 str2 复制到 str1 中,_____是正确的。

A. str1=str2;   B. strcpy(str1,str2);

C. str1[0]=str2[0];   D. strcmp(str1,str2);

9. 两个一维字符数组 char src[10],dst[10]={1,2,3};,则_____是正确的。

A. printf("%d",src[5]); 输出不确定值。printf("%d",dst[5]); 输出的是不确定值

B. printf("%d",src[5]); 输出的是不确定值。printf("%d",dst[5]); 输出的是 0

C. 语句 src=dst; 没有错误

D. 可以用 src=dst[0] 把 1 赋给 src 的第 0 个数据变量

10. 有二维数组定义 int a[4][6]={2,3,4,5};,下列说法不正确的是_____。

A. 二维数组 a 可以看成是 4 个数据类型是 int[4] 的数据派生而成的

B. 二维数组如果从元素的角度考虑,它就是一维数组

C. a[0]、a[1]、a[2]、a[3] 的数据类型均是 int[6] 的,都是 a 的一个元素

D. 二维数组 a 可以作为三维数组 b[2][4][6] 的一个元素,因此,这样考虑的话三维数组也可以看成是一个一维数组。b 的元素数据类型是 int[4][6]

二、编程题

1. 排序题

有一维数组,定义为 int a[100];,存入一系列数据,输入 −1 时,表示结束输入,把输入的数据(−1 除外)按从小到大的顺序输出(中间用空格分开)。

2. 从高到低输出总分

输入一个班级的学生学号、两门课成绩(成绩为正整数,人数不少于 5 个)。按每个人的成绩总分降序输出每一个人的信息。

首先输入人数(占一行),每个人的学号、两门课的成绩占一行(数据之间用空格分开),且输入全部数据,输出:按总分从高到低输出,每个人占一行,分别是学号,两门课的成绩(与输入时的两门课顺序一样。)

3. 矩阵数据互换

有 6×5 的矩阵,用二维数组存放,把第 i 行和第 6−i+1 行互换并输出互换后的数组值,其中 i 为 1,2,3。输出时按行输出,并且每一个数据后面均带一个 ","。

4. 矩阵相乘

用两个二维数组存放两个矩阵,大小分别是 M*N 和 N*C,并给定矩阵元素的值(int 型),输出它们的乘积。

输入时,第一行输入 M、N 和 C,中间用空格分开。换行后输入两个矩阵的数据,分行输入,数据之间用空格分开。

输出:结果矩阵的值,按行分开,数据之间用空格分开。

5. 矩阵的水平镜像

一个矩阵大小为 M×N,用二维数组存放,现求其水平镜像,并输出。水平镜像的意思是下标为 [x][y] 上的值与下标为 [x][N−1−y] 上的值互换。第一行,输入 M 和 N,中间用空格分开。第二行输入 M 行,每行 N 个数,中间中空格分开。输出 M×N 的镜像矩阵,M 行,每行 N 个数据,中间用空格分开。

输入样例:

```
3  4
1  2  3  4
5  6  7  8
9 10 11 12
```

输出样例:

```
 4  3  2 1
 8  7  6 5
12 11 10 9
```

第8章 函数

一、单选题

1. 对于函数 int fun(int x, int y){ 函数体 } 中，说法不正确的是_____。

A. 函数名前面要有函数返回类型，如果不是 void 类型，则函数体中必须有 return 语句

B. int x, int y 是形参，必须有类型说明，它们接收对应实参传来的数据。且不必再在函数体中定义就可以直接引用

C. 函数名本身有一个值，且是地址值，只能引用，不能改变

D. 整个函数的首部是 fun

2. 在 C 语言中以下说法不正确的是_____。

A. 实参可以是常量、变量或表达式　　B. 形参可以是常量、变量或表达式

C. 实参应与其对应的形参类型一致　　D. 实参个数与形参个数一样

3. 以下程序有语法性错误，有关错误原因说法正确的是_____。

```
#include<stdio.h>
int main(void)
{
    int G=5,k;
    void prt_char( );
    ......
    k = prt_char(G);
    ......
}
```

A. 语句 void prt_char(); 有错，它是函数调用语句，不能用 void 说明

B. 变量名不能使用大写字母

C. 函数说明和函数调用语句之间有矛盾

D. 函数名不能使用下画线

4. 以下正确的说法是_____。

A. 函数的定义可以嵌套，但函数的调用不可以嵌套

B. 函数的定义不可以嵌套，但函数的调用可嵌套

C. 函数的定义和调用均不可以嵌套

D. 函数的定义和调用均可以嵌套

5. 若已定义的函数有返回值，则以下关于该函数调用的叙述中错误的是_____。

A. 函数调用可以作为独立的语句存在，如 fun();

B. 函数调用可以作为一个函数的实参，如 fun(fun1())

C. 函数调用可以出现在表达式中，如 x + fun();

D. 函数调用可以作为一个函数的形参，如 void fun(int x,int fun1()){...};

6. 以下所列的各函数首部中,正确的是_____。

A. void play(var :Integer,var b:Integer)　　　B. void play(int a,b)

C. void play(int a,int b)　　　D. void play(int a;int b)

7. 在调用函数时,如果实参与对应形参之间的数据传递方式是_____。

A. 把实参的地址复制给形参　　　B. 实参的值复制给形参

C. 由实参传给形参,再由形参传回实参　　　D. 传递方式由用户指定

8. 有以下程序代码,输出结果是_____。

```c
#include<stdio.h>
void fun(int a,int b,int c){
    a=456;
    b=567;
    c=678;
}
int main(void )
{
    int x=10, y=20,z=30;
    fun(x,y,z);
    printf("%d,%d,%d \n", x,y,z );
    return 0;
}
```

A. 10,20,30　　　　B. 30,20,10　　　　C. 456,567,678　　　　D. 678,567,456

9. 关于函数参数,说法正确的是_____。

A. 实参与其对应的形参各自占用独立的内存单元

B. 实参与其对应的形参共同占用一个内存单元

C. 只有当实参和形参同名时才占用同一个内存单元

D. 形参是虚拟的,不占用内存单元

10. 一个被调函数返回值的数据类型由_____确定。

A. return 语句后表达式值的数据类型

B. 调用函数规定的数据类型

C. 系统默认的数据类型

D. 所定义的被调函数的返回类型

11. 以下正确的函数形式是_____。

A. double fun(int x,int y)　　　　　　B. fun(int x,y)

```
    {                                      {
      z=x+y;                                 int z;
      return z;                              return z;
    }                                      }
```

C. fun(x,y)
  {
   int x,y;
   double z;
   z=x+y;
   return z;
  }

D. double fun(int x,int y)
  {
   double z;
   z=x+y;
   return z;
  }

12. 下列函数中,能够从键盘上获取一个字符数据的函数是_____。

A. puts( )　　　　　B. putchar( )　　　　　C. getchar( )　　　　　D. gets( )

13. 以下程序的输出结果是_____。

```c
#include<stdio.h>
fun(int a,int b,int c)
{
    c=a+b;
}
int main(void)
{
    int c;
    fun(2,3,c);
    printf("%d\n",c);
    return 0;
}
```

A. 2　　　　　　　B. 3　　　　　　　C. 5　　　　　　　D. 无定值

14. 以下程序代码的运行结果是_____。

```c
#include<stdio.h>
void func(int a,int b)
{
    int temp=a;
    a=b;
    b=temp;
}
int main(void){
    int x,y;
    x=10; y=20;
    func(x,y);
    printf(("%d,%d\n",x,y);
    return 0;
}
```

A. 10,20   B. 10,10   C. 20,10   D. 20,20

15. 以下程序运行后的输出结果是_____。

```c
#include "stdio.h"
int fun(int x)
{
    printf("x=%d\n",++x);
}
int main(void)
{
    fun(12+5);
    return 0;
}
```

A. x=12   B. x=13   C. x=17   D. x=18

16. 有以下程序代码,输出结果是_____。

```c
#include<stdio.h>
void fun(int a[])
{
    a[0]=456;
}
int main(void )
{
    int x[]={10,20,30};
    fun(x);
    printf("%d,%d,%d\n", x[0],x[1],x[2]);
    return 0;
}
```

A. 10,20,30   B. 456,20,30   C. 10,20,456   D. 10,456,30

17. 若已定义实参数组 int a[3][4] = {2,4,6,8,10};,则在被调用函数 f 的下述定义中,对形参数组 b 定义正确的选项是_____。

A. f(int b[][6])   B. f(int b[][4])   C. f(int b[3][])   D. f(int b[4][5])

18. 若函数调用时用数组名作为函数参数,以下叙述中不正确的是_____。

A. 实参与其对应的形参共占用同一段存储空间

B. 实参将其地址传递给形参,结果等同于实现了参数之间的双向值传递

C. 实参把值传给对应的形参,形参有自己独立存储空间

D. 在调用函数中必须说明数组大小,但在被调函数中可以使用不定数组

19. 对二维数组名 a 正确地传给了形参 b 后,下列说法不正确的是_____。

A. 在被调函数执行时,则 b[i][j] 实质上就主调函数中的 a[i][j]

B. 在被调函数执行时,则 b[i][j] 和 a[i][j] 指定同一个对象

C. 在被调函数执行时,则 b[i] 与主调函数中的 a[i] 不一样

D. 在被调函数执行时,则 b[i][j] 指定 a 数组中第 i 行第 j 列的数据变量

20. 以下叙述中,不正确的是_____。

A. 在同一 C 程序文件中,不同函数中可以使用同名变量

B. 在 main 函数体内定义的变量是全局变量

C. 形参是局部变量,函数调用完成即失去意义

D. 若同一文件中全局变量和局部变量同名,则全局变量在局部变量作用范围内不起作用

二、判断题

1. return 语句作为函数的出口,在一个函数体内只能有一个。(   )

2. 在 C 程序中,函数不能嵌套定义,但可以嵌套调用。(   )

3. 在 C 程序中,函数调用不能出现在表达式语句中。(   )

4. 在 C 函数中,形参可以是变量、常量或表达式。(   )

5. 在 C 语言中,一个函数一般由两个部分组成,它们是函数首部和函数体。(   )

6. 函数的函数体可以是空语句。(   )

7. 函数的实参和形参可以是相同的名字。(   )

8. 在函数调用中,形参与实参的类型和个数必须保持一致。(   )

9. C 语言程序中的 main 函数必须放在程序代码的开始部分。(   )

10. 有一维数组 int a[]={14,23,21};,a 作为实参,则对应形参必须定义成 int a[],此处 a 不能用其他标识。(   )

三、编程题

1. 求等级。

定义一个函数,给定一个分值,返回等级。90 ~ 100,A;80-89,B;70 ~ 79,C;60 ~ 69, D;0 ~ 59,E。然后在 main 函数中调用验证。

2. 求二维数组各行的和值。

定义一个函数,求二维数组一行的和值,并在 main 函数中调用它,输出各行的和值。

输入:先输入行和列数,空格分开,然后按行输出各变量值,中间用空格分开。

```
 4   3
 6   7 15
16   8 17
12 18   7
12 16 11
```

输出,用一行输出结果,空格分开。

```
28 41 37 39
```

3. 定义一个函数,求一个序列数的最大值和最小值。

定义一个一维数组,元素的数据类型为 int,定义一个函数,求它们的最大值和最小值,并在 main 函数中调用并输出。提示:最大值和最小值在定义的函数中获得,并能用在 main 函数中,可以先在 main 函数定义一个一维数组,它有两个元素,作为实参传给所定义的函数。

输入:一维数组元素个数　换行输入各元素值,空格分开。如:

```
5
39 28 12 48 33
```

输出:最小值在前,最大值在最后,中间用空格分开,如:

```
12 48
```

第8章 函数(提高篇)

一、单选题

1. 对于函数的嵌套调用,下列说法不正确的是_____。

A. 一个函数定义时,函数体中可以调用另一个函数

B. 函数可以多重调用

C. 一个函数定义时,函数体中调用其他函数时,参数前面要加数据类型

D. 一个函数嵌套调用它自身时,称为递归函数

2. 被调函数定义中没有进行函数类型说明,而 return 语句中的表达式值的类型为 float 型,则被调函数调用后返回值的数据类型是_____。

A. int 型

B. float 型

C. double 型

D. 由系统当时的情况而定

3. 下面函数的功能是_____。

```c
int sss(char s[], char t[]){
    int i=0;
    while((s[i])&&(t[i])&&(t[i]== s[i]))
        i++;
    return  (s[i]-t[i]);
}
```

A. 求字符串的长度

B. 比较两个字符串的大小

C. 将字符串 s 复制到字符串 t 中

D. 将字符串 s 接到字符串 t 中

4. 下列代码执行后输出的是_____。

```c
#include <stdio.h>
int f(int a)
{
    int b=0;
    static int c=3;
    b++ ;
    c++;
    return (a+b+c);
}
int main(void)
{
    int a=2,i;
    for(i=0;i<3;i++)
        printf("%d ",f(a));
    return 0;
}
```

A. 7 8 9　　　　　　　B. 8 9 10　　　　　C. 7 7 8　　　　　D. 8 8 9

5. 下面代码输出的是_____。

```c
#include <stdio.h>
void p(int n)
{
    printf("%d",n);
    if(1==n)
        return;
    p(n-1);
    p(n-1);

}
int main(void)
{
    p(4);
    return 0;
}
```

A. 4321321211　　　　　　　　　B. 432113211211
C. 432112113211211　　　　　　　D. 43214321

二、编程题

1. 把一个字符串插入另一个字符串。

有字符串定义如下:char str[100] 和 char strToInsert[5];,前者已按字母从小到大排序,后者没有排序。定义两个函数,把 strToInsert 字符串的各字母插入到 str 中,插入后也排序。

2. 求和值。

定义一个递归函数,求 $\sum_{i=1}^{N}(a_{i-1}+i)$,其中 $a_0 = 1$,$a_i = a_{i-1} + 2$,并在 main() 函数中调用此函数,输出结果。

输入 N 的值,并输出结果。

3. 用递归实现字符串的逆序输出

定义一个递归函数,把一个字符串逆序输出,并在 main() 函数中调用输出逆序后的字符串。

4. 用递归函数求二维数组中的最大值。

写一个递归函数,求二维数组中变量的最大值(变量的数据类型为 int 型),并在 main() 函数中调用验证,并输出最大值。提示:二维数组 a 中的所有变量值可以用 a[0][i],i 的范围从 0 到行 * 列 −1。

输入:行 列

二维数组的变量,空格分开。

如:

3 3

1 12 3

4 5 6

5 6 7

5. 求斐波那契数列前 N 项。

用递归求斐波那契数列的前 N 项的值,N 由键盘输入。并有 main() 函数中调用此函数,然后输出斐波那契数列的各项值(项之间用空格分开)。

第 9 章　指针、数组、函数(综合练习)

一、单选题

1. 若有定义:int a[]={1,2,3,4,5,6,7,8,9,10};,则 a 作为指针,指向的数据类型是＿＿＿＿,a 的数据类型是＿＿＿＿。

A. int[1],int[1]　　　　B. int,int[10]　　　　C. int[10],int　　　　D. int[10],int[10]

2. 若有定义:int a[]={1,2,3,4,5,6,7,8,9,10},*p=a;,则逗号表达式 p+=2,*(p++) 的值是_____。

A. 3   B. 4   C. 2   D. 5

3. 设有定义:char a[10]={"abcd"},*p=a;,则 *(p+4) 的值是_____。

A. 'd'   B. 无值   C. '\0'   D. 'a'

4. 以下定义和初始化:int w[3][4]={{0,1},{2,4},{5,8}};,则 w 作为指针指向的数据类型是_____。

A. int   B. int[3]   C. int[2]   D. int[4]

5. 有以下定义:int w[3][4]={{0,1},{2,4},{5,8}};,则 w[0]+1 作为指针指向的数据类型是_____。

A. 不能作为指针用   B. int   C. int[3]   D. int[4]

6. 有 int (*ptr)[10]; 和 int *ptrPoint[10];,则 ptr 和 ptrPoint 指向的数据类型分别是_____。

A. int[10],int   B. int[10],int[10]   C. int[10],int*[10]   D. int[10],int*

7. 有 int (*ptr)[10],假设一个 int 型数据占 4 字节,一个指针型数据占 8 字节,则 ptr+1 后一次性加了_____字节。

A. 4   B. 8   C. 40   D. 80

8. 有 int *ptr[10];,假设一个 int 型数据占 4 个字节,一个指针型数据占 8 个字节,则 ptr+1 后一次性加了_____字节。

A. 4   B. 8   C. 40   D. 80

9. 有以下定义和初始化:int w[3][4]={{0,1},{2,4},{5,8}}; int (*p)[4]=w;,则 p[1][1] 的值是_____。

A. p[1][1] 写法不对,没有值   B. 4

C. 1   D. 0

10. 有以下定义和初始化:int w[3][4]={{0,1},{2,4},{5,8}}; int (*p)[4]=w;,则 *p[1] 和 (*p)[1] 的值分别是_____.

A. 1,2   B. 2,1   C. 0,1   D. 2,2

11. 有定义:char *ptrPoint[2]={"hong","zhang"};,则_____。

A. ptrPoint[0][1] 写法错误   B. ptrPoint[0][1] 的值是 0

C. ptrPoint 指向的数据类型是 char   D. (ptrPoint+1)[1] 指向字符串 "zhang"

12. 有以下定义:int w[3][4]={{0,1},{2,4},{5,8}}; int (*p)[4]=w;,则执行语句 p++; 后,p[0][1] 的值是_____。

A. 8   B. 1   C. 4   D. NULL

13. 有以下定义:char w[3][10]={"chinese","Coin","chatGPT"}; char (*p)[10]=w;,则 2[p[2]] 和 p++,*(*p+1) 的值分别是_____。

A. 表达式错误   B. 2[p[2]] 错误,另一个的值是 o

C. ao   D. oo

14. 在一个函数的形参中,对于 int *a 和 int b[] 的说法不正确的是_____。

A. a 与 b 都是指向 int 型数据的指针变量

B. a 和 b 是同一种效果的两种不同写法

C. 如果主调函数中有 int c[5];,则 c 可以作为实参传给 a

D. a 是指向 int 型数据的指针变量,b 是一个一维数组名

15. 在一个函数的形参中,对于 int (*a)[6] 和 int b[][6] 的说法不正确的是_____。

A. a 和 b 指向的数据类型均是 int[6]

B. a 和 b 都是指针变量,其值可以改变

C. a 是指针变量,b 是二维数组名

D. 如果执行 a=b;,则 a[i][j] 和 b[i][j] 是同一个 int 型变量

16. 有 int **p;,则下列说法正确的是_____。

A. *p=5; 可以正确执行

B. 有 int a[4][3];,则 *a 与 *p 指针的数据类型是一样的

C. 有 int a[4][3];,则 p=a; 可以正确执行

D. *p 在被赋值之前,p 指向的空间必须是有效的内存空间

17. 有 void *ptr;,则下面说法不正确的是_____。

A. ptr 可有直接赋给指向任何数据类型的指针变量

B. 可以用 *ptr=5; 直接给 ptr 指向的空间赋值

C. ptr 可以接收其他任何指针的值

D. ptr 是一个 void* 类型的指针变量

18. 有 char *p="hong";,则下列语句不正确的是_____。

A. *p='A';　　　　　B. putchar(*(p+1));　　C. puts(p);　　　　　D. puts(p+1);

19. 有 char p[10]="hong",则下列语句不正确的是_____。

A. 如果有 char *str; str=p;,则 *str='A'; 可以正确执行

B. *p='A';,可以正确执行

C. 可以用 gets(p); 重新从键盘获取字符存放在 p 数组中

D. 可以用 gets(p+1); 从键盘获取字符存放在 p 数组第 1 个字符后面

E. gets(p+1); 是不正确的写法

20. 下列代码运行输出的结果是_____。

```c
#include <stdio.h>
int main(void)
{
    char *p=0;
    char s[]="ABCD";
    for(p=s;p<s+4;p++)
        printf("%s ",p);
    return 0;
}
```

A. ABCD   B. A B C D

C. ABCD BCD CD D   D. A B C D B C D C D D

21. 对于下面代码,说法正确的是_____。

```
#include <stdio.h>
int main(void){
    int a[4]={22,45,37,29};
    int *p[4]={a+3,a+2,a+1,a};
    for(int i=0;i<4;i++)
        printf("%d ",*p[i]);
    return 0;
}
```

A. *p[i] 是指针值, printf("%d ",*p[i]); 输出不对

B. 用 int *p[4] = {a+3,a+2,a+1,a}; 定义并初始化是错误的

C. 可以正确执行, 结果是 29 37 45 22

D. a 作为指针与 p 指向的数据类型一致

二、编程题

1. 统计不同类别字符的个数。

定义一个函数, 统计一个字符串(长度不超过 50)中的英文大、小写字母、空格及其他字符的个数, 并且通过 main() 函数调用此函数, 输出英文大、小写字母、空格及其他字符的个数。

2. 字符串连接。

一个字符二维数组定义如下: char str[5][20]。输入 5 个字符串存放在 str 中(一个字符串占一行), 然后定义一个函数, 把这 5 个字符串前后连接起来, 存放在一个一维字符数组 char MergeStr[100], 并在 main() 函数中调用此函数, 输出连接以后的字符串。

3. 字符串复制。

定义一个函数, 功能是将一个字符串从第 m 个字符开始的剩余全部字符复制到另一个字符串。在 main() 函数调用此函数, 并将这个新字符串输出。(输入时, 字符串占一行, m 的值占一行)

第 9 章   指针、数组、函数(提高练习)

一、单选题

1. main 函数中定义二维数组 int a[3][5] = {1,2,3,4,5,6,7};, 则叙述不正确的是_____。

A. a[0][6] 的值是 7

B. a[0][6] 超出数组内存范围

C. a[2][4] 的值是 0

D. 可用 for(int =0;i<15;i++)scanf("%d",a[0]+i); 给数组各变量赋值

2. 有一维指针数组 char *name[3] 和二维字符数组 char name_copy[3][10]={"wang", "jiang", "zheng"};,则不正确的语句是_____。

A. name[1]=name_copy[0];   B. name=name_copy[0];

C. name_copy[0][2]='\81';   D. name[0]=name_copy[2];
                                             puts(name[0]);

3. 下列说法正确的是_____。

A. 有 long a=3;long *x=&a;,则 *x 的值为变量 a 的地址值

B. 有 long a=3,*x; *x=&a,则 *x 的值为变量 a 的地址值

C. 有 long a=3;long *x=&a;,则 x 的值为变量 a 的地址值

D. 有 long a=3;long *x=a;,则 *x 的值为 3

4. 若有语句 int *point,a=4; 和 point=&a;,下面均代表地址的一组选项是_____。

A. a,point,*&a   B. &*a,&a,*point

C. *&point,*point,&a   D. &a,&*point ,point

5. 若有定义:int *p,m=5,n; 以下正确的程序段是_____。

A. p=&n;   B. p=&n;
   scanf("%d",&p);   scanf("%d",*p);

C. scanf("%d",&n);   D. *p=n;
   p=&n;   *p=m;

6. 已有变量定义和函数调用语句:int a=25; print_value(&a);,下面函数的正确输出结果是_____。

```
void print_value(int *x)
{
    printf("%d\n",++*x);
}
```

A. 24   B. 25   C. 26   D. 27

7. 下列代码运行后的输出结果是_____。

```
#include <stdio.h>
int main(void)
{
    int m=1,n=2,*p=&m,*q=&n,*r;
    r=p;
    p=q;
    q=r;
    printf("%d,%d,%d,%d\n",m,n,*p,*q);
    return 0;
}
```

A. 1,2,1,2　　　　　B. 1,2,2,1　　　　　C. 2,1,2,1　　　　　D. 2,1,1,2

8. 以下程序段运行后,b 的值是_____。

```
int a[10]={1,2,3,4,5,6,7,8,9,10},*p=&a[3],b;
b=p[5];
```

A. 5　　　　　　　B. 6　　　　　　　C. 8　　　　　　　D. 9

9. 若有以下定义 int a[5],*p=a;,则对 a 数组元素的正确引用是_____。

A. *&a[5]　　　　　B. a+2　　　　　　C. *(p+5)　　　　　D. *(a+2)

10. 设已有定义:int a[10]={15,12,7,31,47,20,16,28,13,19},*p;,下列语句中正确的是_____。

A. for(p=a;a<(p+10);a++);　　　　　　　B. for(p=a;p<(a+10);p++);

C. for(p=a,a=a+10;p<a;p++);　　　　　　D. for(p=a;a<p+10;++a);

11. 设有如下定义:int arr[]={6,7,8,9,10}; int *ptr;,则程序段的输出结果为_____。

```
ptr=arr;
*(ptr+2)+=2;
printf("%d,%d\n",*ptr,*(ptr+2));
```

A. 8,10　　　　　　B. 6,8　　　　　　C. 7,9　　　　　　D. 6,10

12. 若有定义:int a[2][3],则对 a 数组的第 i 行 j 列变量地址的正确引用为_____。

A. *(a[i]+j)　　　　B. (a+i)　　　　　C. *(a+j)　　　　　D. a[i]+j

13. 有以下定义 char a[10],*b=a;,不能给数组 a 输入字符串的语句是_____。

A. gets(a);　　　　　　　　　　　　　B. gets(a[0]);

C. gets(&a[0]);　　　　　　　　　　　D. gets(b);

14. 设已有定义:char *st="how are you";,下列程序段中正确的是_____。

A. char a[11],*p;　　　　　　　　　　B. char a[11];
　　strcpy(p=a+1,&st[4]);　　　　　　　　strcpy(++a, st);

C. char a[11];　　　　　　　　　　　　D. char a[], *p;
　　strcpy(a, st);　　　　　　　　　　　　strcpy(p=&a[1],st+2);

15. 有以下程序代码,它执行后的输出结果是_____。

```
#include <stdio.h>
int main(void)
{
    char a[]="programming",b[]="language";
    char *p1,*p2;
    int i;
    p1=a;p2=b;
    for(i=0;i<7;i++)
        if(*(p1+i)==*(p2+i))
            printf("%c",*(p1+i));
```

```
        return 0;
}
```

A. gm   B. rg   C. or   D. ga

16. 有 int a[5]={1,2,3,4,5};,则对于 &a 的说法错误的是_____。

A. a 的数据类型是 int[5]

B. &a 是一个指针值,指向的数据类型是 int[5],但 &a 不是数组类型

C. &a 是一个指针值,指向的数据类型是 int[5],但 &a 也是数组类型 int[1][5]

D. &a+1 作为指针指向了整个 a 数组后的内存空间

17. 有下列代码,执行后输出_____(企业面试题)。

```
#include <stdio.h>
int main(void)
{
    int a[5] = {1,2,3,4,5};
    int* ptr = (int*)(&a+1);
    printf("%d %d",*(a+1),*(ptr-1));
    return 0;
}
```

A. 2,0   B. 2,5   C. 2,1   D. 1,2

18. 下面的代码段执行后,a[1][1] 和 p[0] 的值分别是_____(企业面试题)。

```
int a[3][2] = {(0,1),(2,3),(4,5)};// (0,1) 等是逗号表达式
int* p;
p = a[0];
```

A. 3,0   B. 0,1   C. 0,3   D. 1,0
                                                                          1 3
                                                                          5 0
                                                                          0 0

19. 下列代码执行后,&p[4][2]-&a[4][2] 的值是_____(企业面试题)。

```
int a[5][5];
int(*p)[4];
p = (void*)a;
```

A. 20   B. 0   C. -4   D. -20

20. 下列代码执行后,*(ptr1-1) 和 *(ptr2-1) 的值分别是_____(企业面试题)。

```
int aa[2][5] = {1,2,3,4,5,6,7,8,9,10};
int* ptr1 = (int*)(&aa+1);
int* ptr2 = (int*)(*(aa+1));
```

A. 1,1　　　　　　　　B. 2,10　　　　　　　C. 1,5　　　　　　　D. 10,5

21. 下列代码执行后,printf("%s",*pa); 输出的值是_____(企业面试题)。

```
char* a[] = {"work","cheng","alibaba"};
char** pa = a;
pa++;
```

A. ork　　　　　　　　B. cheng　　　　　　　C. work　　　　　　　D. heng

22. 下列程序输出的结果是_____(企业面试题,较难)。

```
#include <stdio.h>
int main(void)
{
    char* c[] = {"enter","new","point","first"};
    char** cp[] = {c+3,c+2,c+1,c};
    char*** cpp = cp;
    printf("%s ",**++cpp);
    printf("%s ",*--*++cpp+3);
    printf("%s ",*cpp[-2]+3);
    printf("%s",cpp[-1][-1]+1);
    return 0;
}
```

A. point er st ew　　　　　　　　　B. point enter first new
C. point enter st ew　　　　　　　　D. point st enter ew

23. 对于定义:char arr[] = {'a','b','c','d','e','f'};,下列说法不正确的是_____(企业面试题,较简单)。

A. sizeof(arr) 的值为数组所有元素占有的字节数
B. sizeof(&arr) 是一个指针变量占有的字节数
C. strlen(arr+1) 的值是 5
D. strlen(arr) 的值是不确定值

24. 下列程序执行后,输出的结果是_____。

```
#include<stdio.h>
char *returnStr()
{
    static char p[]="tiger";
    return p;
}
int  main()
{
```

```c
char *str;
str=returnStr()+1;
str[0]='T';
printf("%s\n",str);
}
```

A. Tger   B. T   C. 不输出值   D. iger

二、编程题

1. 指向函数的指针。

定义两个函数 Add 和 sub,功能分别是返回两个 int 型数据的和、差,再定义一个函数 Cal,通过参数指定不同的计算方式,能返回计算结果。在 main 中两次调用 cal 函数,首先传 add,计算两数加法得到结果,并输出,然后传 sub,计算两数减法得到结果,并输出。输入为两个整数,中间用空格分开。输出为"和"和"差",一行输出,中间用空格分开。

2. 字符移动。

编写一个函数,函数的功能是移动字符串中的内容。移动的规则如下:把第 1 到第 m 个字符,平移到字符串的最后;再把第 m+1 到最后的字符移动到字符串的前部。例如,字符串中原有的内容为:ABCDEFGHIJK,m 的值为 3,则移动后,字符串中的内容应该是 DEFGHIJKABC。

在 main 函数中输入字符串,然后调用函数移动,并输出移动后的字符串。输入时,先输入字符串,换行,输入 m,输出移动后的字符串。

3. 计算平均分和及格各等级人数。

给 n 个人两门课的成绩,用二维数组表示 int score[n][2]; 编写一个函数,计算各门课的平均成绩(保留小数点后一位)和每门课的及格人数,在 main 函数中实现调用和结果输出。

输入时,先输入人数,换行输入成绩,一个人的两门课成绩占一行。

如:

```
4
87 90
55 80
89 59
78 73
```

输出时,第一门的平均成绩 第二门的平均成绩 第一门课的及格人数 第二门课的及格人数

```
77.3 75.5 3 3
```

第 10 章 结构体与枚举类型

一、单选题

1. 有结构体定义如下,现在定义一个该结构体类型的变量 struct stu x;,则从键盘中输入 x 的成员值,错误的是_____。

```
struct stu
{
    unsigned ID;
    char name[20];
    float score[3];
};
```

A. scanf("%u",&x.ID);

B. gets(x.name);

C. scanf("%f%f%f",x.score,x.score+1,x.score+2);

D. scanf("%u%s%f",x.ID,x.name,x.score);

2. 下列说法错误的是_____。

A. 结构体变量所占内存大小为它的成员变量大小之和

B. 结构体变量所占内存大小为不一定是它的成员变量大小之和

C. 可以定义一个一维数组,它的元素的数据类型是结构体类型

D. 结构体是由编程人员自定义的一种新的数据类型

3. 定义有两个结构体类型,标签名分别为 tagA 和 tagB,其成员变量定义一致,当定义 struct tagA sa 和 struct tagB sb 后,则下面说法不正确的是_____。

A. 可以用语句 sa=sb; 进行赋值

B. sa、sb 不属于同一种结构体类型,且不能相互赋值

C. 只要标签名不一致的结构体类型,属于不同的结构体类型,变量之间不能赋值

D. 输出结构体类型变量的成员值要写到成员的基本数据类型一级

4. 对于下面定义的结构体类型,说法不正确的是_____。

```
typedef struct student
{
    long int num;
    char name[20];
    char sex;
    char addr[20];
}Student;
```

A. 定义 Student x; 与 struct student x; 的效果是一样的

B. 定义 Student *ptr; 与 struct student *ptr; 的效果一样,都定义了一个指向同一种结构体类型的指针

C. 不能用 Student *ptr; 定义指针变量

D. 可以用 Student *p[3]; 定义一个一维数组 p,它有 3 个变量,每个变量均是一个指针值,指向的数据类型是 Student

5. 有以下结构体类型定义,则下面说法不正确的是_____。

```
typedef struct student
{
    long int num;
    char name[20];
    char sex;
    char addr[20];
}Student,*stuPtr;
```

A. stuPtr p1 定义了一个指向 Student 类型的指针变量

B. stuPtr p1; 与 Student *p1;、struct student *p1; 定义的效果是一样的,都定义了一个指向结构体类型的指针变量 p1

C. stuPtr p1[3]; 是错误的定义,不能定义这样的数组

D. stuPtr p1[3]; 与 student* p1[3]; 效果一样

6. 有下面的结构体类型,然后定义结构体变量并赋初始值,不正确的是_____。

```
typedef struct Student
{
    long int ID;
    char name[20];
    char sex;
    char addr[20];
}Stu
```

A. Stu x = {101,"hong"};　　　　　B. Stu x = {.ID = 101,.addr = "Anhui"};

C. Stu x = {ID = 101,addr = "Anhui"};　　D. Stu x[2] = {{.ID = 101,.addr = "Anhui"}};

7. 有结构体定义如下,则下面答案中代码正确的是_____。

```
typedef struct student
{
    long ID;
    char name[20];
    char sex;
    float score;
}Student,*Ptr;
```

A.
```
Student p1;
Ptr p2;
p2 = &p1;
```

B.
```
Student p1;Ptr p2;
p1 = {101,"hong"};
p2 = &p1;
```

C.
```
Student p1;Ptr p2;
p2 = p1;
p2->num = 101;
```

D.
```
Student p1;Ptr p2;
p2->ID = 101;
```

8. 有结构体定义如下,则说法不正确的是_____。

```
typedef struct student
{
    long ID;
    char name[20];
    char sex;
    float score;
}Student,*Ptr;
```

A. Ptr p1;定义了一个指针变量 p1,p1 只是存放指向某个 Student 类型对象的指针值,并不存放 Student 类型对象的成员值

B. Ptr p1[3][2];定义了一个二维指针数组,其变量的数据类型为 struct student*

C. 用 struct student *p; 和 Ptr p;定义变量 p,效果不一样

D. Student (*p)[4];定义了一个指针变量 p,它指向一个长度为 4 的一维数组,且这个一维数组元素是 Student 型

9. 有结构体定义并定义数组如下,则 printf("%d",s[0].x*s[1].x) 输出_____。

```
struct c
{
    int x;
    int y;
}s[2]={1,3,2,7};
```

A. 2   B. 14   C. 6   D. 21

10. 有如下定义和初始化:

```
struct country
{
    int num;
    char name[10];
}x[5]={1,"China",2,"USA",3,"France",4, "England",5, "Spanish"};,
```

则下列代码执行后输出_____。

```
struct country *p;
p=x+2;
printf("%d,%c",p->num,(*p).name[2]);
```

A. 3, a   B. 4, g   C. 2, U   D. 5, S

11. 如果有下面的定义和赋值,则使用_____不可以输出 n 中 data 的值。

```
struct SNode
{
    unsigned id;
    int data;
}n,*p;
p=&n;
```

A. p.data   B. n.data   C. p->data   D. (*p).data

12. 根据下面的定义,能输出 Mary 的语句是_____。

```
struct person
{
    char name[9];
    int age;
};
struct person class[5]={"John",17,"Paul",19,"Mary",18,"Adam",16};
```

A. printf("%s",class[1].name);   B. printf("%s",class[2].name);
C. printf("%s",class[3].name);   D. printf("%s",class[0].name);

13. 定义以下结构体数组:

```
struct date
{
    int year;
    int month;
    int day;
};
struct s
{
    struct date birthday;
    char name[20];
}x[4]={{2008,10,1, "Guangzhou"}, {2009,12,25, "Tianjin"}};
```

则 printf("%s,%d",x[0].name,x[1].birthday.year); 输出的结果是_____。

    A. Guangzhou,2009   B. Guangzhou,2008

    C. Tianjin,2008   D. Tianjin,2009

14. 定义了一个结构体的别名 Stu,有函数 float fun(Stu *s){...};,在 main 函数中有定义的一维数组,Stu x[2];,则调用 fun 函数的不正确写法是_____。

    A. fun(x[0]);   B. fun(x+1);   C. fun(x);   D. fun(&x[0]+1)

15. 对于函数 void* malloc(size_t size) 的说法,不正确的是_____。

    A. 申请 size 个字节的内存空间以供使用

    B. 申请的内存在堆空间中,如果不手工释放,则要等程序结束时才释放

    C. 此函数申请的内存可以直接赋给任何一个指针变量,不用强制转换

    D. 在一个函数体中申请的内存,在这个函数体内不能用 free 函数释放

16. 如果要申请 N 个 int 型数据存放的空间,可以用_____语句。

    A. (int *)malloc(N);   B. (int)malloc(N);

    C. (int *)malloc(N*sizeof(int));   D. (int *)malloc(sizeof(N));

17. 有 int *arr;,则 arr=malloc(20*sizeof(int));,执行后,对于 arr 的说法,不正确的是_____。

    A. arr 指向的空间存放一个 int 型数据

    B. 可以用 arr[i] 引用申请内存中的第 i 个 int 型数据

    C. arr 是一个一维数组名

    D. arr[i] 的值就是 *(arr+i) 的值

18. 有结构体:

```
struct Node
{
    float value;              // 表示定义的数据域成员变量
    struct Node *next ;       // 这个成员用来存放下一个节点的地址
};
```

又有:

```
struct Node a,b;
a.next=0;
b.next=0;
```

则把 b 接在 a 的后面的语句是_____。

    A. a.next=b;   B. a->next=&b;   C. a.next=&b;   D. a.next=b.next;

19. 有枚举类型定义如下:

```
enum s {x1,x2=5,x3,x4=10};
```

则枚举变量 x 可取的枚举元素 x2、x3 所对应的整数常量值是_____。

    A. 1,2   B. 2,3   C. 5,2   D. 5,6

20. 有结构体 struct stu{int id;struct stu *next;}a,b,c;,现在有:

```
struct stu *head=&a;
a.next=&b;
b.next=&c;
c.next=0;
```

A. head=head->next; 后,head 就是 b 变量本身

B. head=head->next; 后,head 指向 b

C. head=head->next; 后,head->next 指向 b

D. 如果另有一个 struct stu d; 把 d 接在 c 的后面,可以用语句 c.next=d;

二、编程题

1. 实现结构体类型数组的输出。

定义一个函数,实现结构体一维数组中各元素成员变量 name 和总分的输出,name 与总分之间用空格分开。结构体类型定义如下:

```
struct student
{
    char name[10];
    int math;
    int computer;
};
```

2. 找出总分在 240 分以下的学生。

如下所示为学生的姓名和各门课成绩的结构体类型,以及在 main 函数中进行了初始化的语句。编一个程序,输出各门课总分在 240 分以下的学生姓名(按照初始化数组当中的顺序换行输出),然后把整个数组按个人总分从小到大输出姓名,每行一个姓名。

```
struct student
{
    char name[20];
    float Math;
    float English;
    float C_Programming
};
```

初始化语句:

```
struct student a[4]={
                    {"Wang dong",98.0,87.0,77.0},
                    {"Qian min",90.5,91.0,88.0},
                    {"Sun qi",74.0,77.5,66.5},
                    {"Li xin",84.5,64.5,55.0}
                };
```

第11章　文件

一、单选题

1. 以下叙述中正确的是_____。

A. C语言中的文件是流式文件,因此只能顺序存取数据

B. 打开一个已存在的文件并进行了写操作后,原有文件中的全部数据必定被覆盖

C. 在一个程序中当对文件进行了写操作后,必须先关闭该文件然后再打开,才能读到第1个数据

D. 当对文件的读(写)操作完成之后,必须将它关闭,否则可能导致数据丢失

2. 对文件读写操作的一般步骤是_____。

A. 读写文件→打开文件→关闭文件　　　　B. 读文件→写文件→关闭文件

C. 打开文件→读写文件→关闭文件　　　　D. 读写文件→关闭文件

3. 读取二进制文件的函数调用形式为:fread(buffer,size,count,fp);,其中buffer代表的是_____。

A. 一个文件指针,指向待读取的文件

B. 一个整型变量,代表待读取的数据的字节数

C. 一个内存块的首地址,代表读入数据存放的地址

D. 一个内存块的字节数

4. 在C语言中,打开文件并准备读取其内容的函数是_____。

A. fopen("filename", "r")　　　　　　　　B. fopen("filename", "w")

C. fclose("filename")　　　　　　　　　　D. fgets("filename")

5. 当使用fopen()函数打开一个不存在的文件,并且指定模式为"w+"时,会_____。

A. 函数返回NULL,文件未创建

B. 函数返回指向新文件的文件指针,同时创建了该文件

C. 抛出异常

D. 程序崩溃

6. 在C语言中,以二进制方式打开一个文件进行读写操作,使用的打开模式是_____。

A. "rb+"　　　　　　B. "rw"　　　　　　C. "br+"　　　　　　D. "wr"

二、编程题

1. 编写一段C代码,打开一个名为"data.txt"的文本文件,读取文件中的所有行,然后将这些行逐行打印到控制台。

2. 从键盘输入一个字符串,将其中小写字母全部换成大写字母,然后输入到一个磁盘文件test中保存。输入字符串以"!"结束。

3. 编写一个C语言程序,执行以下操作:提示用户输入一个文件名;尝试打开该文件以进行读取;如果文件成功打开,读取并打印其内容到屏幕上;如果文件无法打开(例如,文件不存在或没有读取权限),输出一个错误消息;关闭文件。

第 1 章　基础知识简介

单选题

1. 答案：A

解析：微型计算机由运算器、控制器、存储器、输入设备和输出设备五大设备组成。控制器是整个 CPU 的指挥控制中心，对协调整个计算机有序工作极为重要。

2. 答案：A

解析：CPU 只能运行二进制代码也就是机器语言；C 选项中位数只能说明处理的字长，所在的系统硬件指令不同，速度难以比较；Intel 公司推出了世界上第一台微处理器，但是之前 CPU 已由电子管或晶体管实现。

3. 答案：B

解析：RAM 不是位置随机，而是随时访问；1 MB＝1 024 KB＝1 024×1 024 B；高速缓存和寄存器的物理实现是集成在 CPU 中，这两部分不属于冯·诺依曼体系中的五大部分的任意一个部分；显然内存中数据断电后会消失。

4. 答案：A

解析：字节（Byte）是计算机信息技术用于计量存储容量和传输容量的一种计量单位，1 个字节等于 8 位二进制。

5. 答案：A

解析：考查计算机基础知识。在计算机内部用来传送、存贮、加工处理的数据或指令均是以二进制形式进行的。

6. 答案：B

解析：注意计算机领域当中基本存储单位与最小存储单位是不同的概念，基本存储单位是 Byte，最小存储单位是 bit，而本题考查的是基本存储单位。

7. 答案：D

解析：$(111.101)_2 = 2^2 + 2^1 + 2^0 + 2^{-1} + 2^{-3} = 7.625$

8. 答案：A

解析：整数部分依次除以 2 求余数，这些余数倒序后就是二进制的整数部分；小数部分依次乘以 2 求进位至整数部分的值，这些进位值顺序就是二进制的小数部分。所以，$13.375 = 8 + 4 + 1 + 1/4 + 1/8 = 1101.011$。

9. 答案：C

解析：整数部分除以 8 取余数，结果反序写；小数部分乘以 8 取整数，正序写。

$$\frac{125}{8}=15\cdots\cdots 5,$$

$$\frac{15}{8}=1\cdots\cdots 7,$$

$$\frac{1}{8}=0\cdots\cdots 1,$$

整数部分为 175 ；

$$0.125*8=1+0,$$

小数部分为 1。

10. 答案：B

解析：考查基本的进制转换，$(0.1)_2=2^{-1}=4*2^{-3}=4*8^{-1}$，也就是 0.4。

11. 答案：B

解析：十六进制中，分别用字母 A ～ F 来表示 10 ～ 15,字母 A 相当于十进制中的 10。

12. 答案：D

解析：无符号八位二进制数的表示范围为 0 ～ 2^8–1,即 0 ～ 255,因此选项 A 与选项 C 均不能表示。

13. 答案：B

解析：考查补码的概念以及进制转换。首位是 1 表示为负数,负数补码的原码为补码减 1 后取反,也就是说原码应该为补码取反后加 1,也就是 $(1010101)_2$,对应的数值为 85,所以该数字为 –85。

14. 答案：B

解析：算法除了以计算机语言实现外,还可以框图、文字等方式存在。

15. 答案：A

解析：算法 (algorithm) 是在有限步骤内求解某一问题所使用的一组定义明确的规则。

一个算法应该具有以下 5 个重要的特征。

有穷性：一个算法必须保证执行有限步之后结束。

确切性：算法的每一步必须有确切的定义。

输入：一个算法有 0 个或多个输入,以刻画运算对象的初始情况,所谓 0 个输入是指算法本身定出了初始条件。

输出：一个算法有一个或多个输出,以反映对输入数据加工后的结果,没有输出的算法是毫无意义的。

可行性：算法原则上能够精确地运行,而且人们用笔和纸做有限次运算后即可完成。

第 2 章　数据类型、运算符与表达式

单选题

1. 答案：D

解析:逻辑运算符"!="表示两端不相等,若是不相等值为 1,否则为 0。

2. 答案:B

解析:A、D 首字母不应该大写,选项 C 要简写为 int。

3. 答案:D

解析:注意运算符优先级,赋值运算符"="优先级低于"*",右结合。

4. 答案:A

解析:逗号表达式的值为最右边表达式的值。

5. 答案:B

解析:023 是八进制数的写法,对应十进制为 19。

6. 答案:C

解析:x/y 是整数,控制符 %d 把值解释成整数。

7. 答案:A

解析:char 型数据在内存中以整数存放,%d,%c 把整数分别解释成整数和字符形式。

8. 答案:D

解析:x%y,x/y 是一个逗号表达式,其结果是最后一个表达式的结果,即 x/y 的值,z=(x%y,x/y) 把 x/y 的值赋给 z, z=(x%y,x/y) 表达式的值就是 z 的值。

9. 答案:A

解析:C 语言中关系运算符不可以连写,与运算符是 &&。

10. 答案:A

解析:无解析

11. 答案:A

解析:(x,y) 把逗号表达式 x,y 括起来就是一个表达式,它的值就是 y 的值。

12. 答案:D

解析:010 是八进制数,就是十进制数的 8。

13. 答案:C

解析:注意自增运算符的用法。

14. 答案:B

解析:逗号表达式"a=10,a+10,a"的值为最左边表达式的值。

15. 答案:D

解析:(++a<=0)&&(b--<=0) 是一个表达式,它的结果赋给 k。这个表达式先计算 (++a<=0),a 先加 1 变成 0,0 小于等于 0,所以 (++a<=0) 的值为 1;再计算 (b--<=0),b<=0 的值是 0,所以表达式 (++a<=0)&&(b--<=0) 的值就是 1 && 0,结果为 0,把它赋给 k,且 b 自减 1,变成 3。

16. 答案:B

解析:010 是八进制数,对应十进制数 8,0x10 是十六进制数,对应十进制数是 16。

17. 答案:B

解析:(int)(x+y) 把 x+y 的值强制转换为 int 型数。% 是取余,/ 是除法运算,当除数与被除数都是整数时,结果为商的整数部分。注意整个表达式为左结合。

18. 答案:D

解析:逻辑运算符"!＝"表示两端不相等,若是不相等值为 1,否则为 0。

19. **答案:**A

解析:运算符 %＝ 表示先求余,后赋值,5%2 值为 1,12%1 值为 0。

20. **答案:**C

解析:遵循变量名的命名规则。

21. **答案:**D

解析:表达式的数据类型要向优先级高的转换。

22. **答案:**B

解析:(ch>='A' && ch<='Z')?ch+32:ch 是条件表达式,且表达式 ch>='A' && ch<='Z' 的结果为 1,所以整个条件表达式的值为 ch+32,最后把这个值赋给 ch。

23. **答案:**B

解析:注意关系表达式是左结合,即先计算 a<b,其值为 1,然后计算 1<c 的值,其结果为 0。

24. **答案:**B

解析:不论 x,y 的值是多少,条件表达式 x>y?x:y 的值是它们的最大值。

25. **答案:**A

解析:在逻辑运算符 && 的操作数中,凡是非 0 的值均作为 1 考虑。x && y 相当于 1 && 1。

26. **答案:**B

解析:逻辑运算符 && 的优先级低于算术运算符。

27. **答案:**A

解析:|| 的两个操作数中只要有一个是非 0,表达式为非 0。

28. **答案:**D

解析:副作用是表达式计算时变量值改变的次数。

29. **答案:**C

解析:字符型数据相减的值是把它们的 ASCII 值相减,注意 '1' 的 ASCII 是 49,'A' 是 65。

30. **答案:**C

解析:字符型数据参与运算时被当作整型,即 98-1,对应 'a' 的 ASCII。

31. **答案:**A

解析:计算字符 '9'、'1' 之间的差值。

32. **答案:**A

解析:字符 '2' 的 ASCII 参与关系运算,其值是 50,因此,3 比 '2' 小。

33. **答案:**B

解析:在条件表达式中,表达式 1 如果有副作用产生,则在? 之前产生完毕。因为 ++ 在 x 的右边,所以先用 x,则 x>5 的值是 0,然后把表达式 3 的值作为整个条件表达式的值,但计算表达式 3 之前,必须处理完副作用,所以在计算表达式 3 的值之前,x 的值由 4 变成了 5,因此表达式 3 的值就是 3。

34. **答案:**C

解析:! 是单目运算符,对其右边的表达式求非,所有的非零值求非都为 0。

35. **答案:**A

解析:! 是单目运算符,对其右边的表达式求非。

36. 答案：A

解析：由 math>=60 && C>=60 的值为 1 得知 math, C 的值都不小于 60。

37. 答案：B

解析：逻辑或 ||, 仅有一个表达式为非零其值即为 1。

38. 答案：A

解析：+ 的优先级比 > 高, 所以先算 a+a, 结果再与 b 进行 > 运算。

39. 答案：C

解析：赋值表达式的值就是左值, 即 "=" 左边的值, 整个赋值表达式 a=a+b 的值就是 a 的最终值, 即 11。

40. 答案：B

解析：C 语言中用单引号 (' ') 引起来的都是字符型。

41. 答案：D

解析：b+c 不能作为左值。因为它没有独立的内存空间, 它执行时只是完成 + 的操作。

42. 答案：A

解析：字符常量要用 ' ' 引起来, '\t' 是转义字符, "A" 不是字符, 是字符串, A 是一个变量。

43. 答案：C

解析：'\045' 是用 \ 后面的三位数的八进制值表示一个字符, 这个值就是该字符的 ASCII 码值, 是一种字符的表示方法, '\0' 是 ASCII 码值是 0 的字符, 'AB' 不对, 因为 ' ' 中只能有一个字符。

44. 答案：B

解析：!5 为 0, !0 为 1, 0+1 为 1。

45. 答案：A

解析：逻辑或 || 在第一个表达式的值为 1 时, 第二个表达式不执行。

46. 答案：D

解析：在 && 表达式中, 只要有一个子表达式的值为 0, 则另一个子表达式不加处理。这里 !x 的值为 0, 所以 (y=x+y) 不执行。

47. 答案：C

解析：逗号表达式由左向右计算, 最后一个子表达式的值为整个逗号表达式的值, 因此, 先计算左边表达式 x+y 的值; 然后计算中间表达式 y=x+y 的值, 此时 y 变成了 5, 最后计算最右边子表达式 y=x−y 的值, 所以整个逗号表达式的值就是 −3。

48. 答案：A

解析：注意赋值表达式为右结合, 经过 x+=y+=z; 语句之后, y=0, x=1, 所以不满足条件运算表达式 x<y?y:x 的条件, 其值为 x 的值。

49. 答案：D

解析：k<a?k:c<b?c:a 是一个条件表达式, 其中, 条件表达式 c<b?c:a 作为 k<a?k:c<b?c:a 条件表达式的子表达式 3。因为 k<a 的值为 0, 所以整个条件表达式的值为条件表达式 c<b?c:a 的值, 这个子条件表达式中, c<b 的值为 1, 所以它的值为 c, 即 1。

50. 答案：A

解析：当 x 的值不为 0 时, 表达式 !x 的值为 0, 表达式 x==0 的值也为 0, 两者一致; 当 x 的值为 0 时, 表达式 !x 的值为 1, 表达式 x==0 的值也为 1, 两者一致。

第 3 章　简单的程序设计

一、单选题

1. 答案：C

解析：无解析

2. 答案：C

解析：无解析

3. 答案：A

解析：无解析

4. 答案：D

解析：无解析

5. 答案：A

解析：在 C 语言中，为了使用标准输入输出函数（如 printf 和 scanf），需要包含头文件 stdio.h。尖括号 <> 用于包含系统头文件，而双引号 "" 通常用于包含用户自定义的头文件。

6. 答案：B

解析：编译器将 null 视为还没有定义的变量。

7. 答案：B

解析：标识符必须以字母或下划线开头，后面可以跟字母、数字或下划线。因此，_isw 是一个合法的标识符。1abc 以数字开头，不符合规则；float 是 C 语言的关键字，不能用作标识符；b-bwhile 包含非法字符（-），也不是合法的标识符。

8. 答案：B

解析：无解析

9. 答案：D

解析：计算机能直接执行的程序是可执行程序

10. 答案：A

解析：常量或表达式不能出现在赋值语句的右边。

11. 答案：D

解析：无解析

12. 答案：A

解析：int 是 C 语言的关键字，用于声明整型变量。main 虽然是一个特殊的函数名，用于程序的入口，但它不是关键字。sum 和 printf 是用户定义的标识符，也不是关键字。

13. 答案：C

解析：格式控制符 "%d,%d" 决定了输出的一定是数字，即字符对应的 ASCII 值。"c2-2" 对应字符 'B'，其 ASCII 值为 66。

14. 答案：B

解析：选项 B 正确地声明了一个名为 a 的整数变量，并将其初始化为 10。其他选项在语法上都是错误的。

15. 答案：A

解析：阅读代码类似于代码调试，从 main 函数入手，顺序查看变量的类型、初始化，以及在代码执行过程中变量的值变化情况。语句"a＝c/100%9;"先计算 c/100 值为 2,然后 2%9 求余数依然为 2,所以 a 的值为 2。

二、编程题

1. 示例代码:

```
#include<stdio.h>
int main() {
    int a = 4, perimeter = 0;    //定义正方形的边长以及初始化周长的值
    perimeter = 4 * a;           //通过算术运算符计算周长的值
    printf("边长为 4 的正方形的周长为:%d", perimeter);
    return 0;
}
```

2. 示例代码:

```
#include <stdio.h>
int main()
{
    int  a,b,s;
    printf("please input a,b:\n");
    scanf("%d%d",&a,&b);
    s=a*a+b*b;
    printf("the result is %d\n",s);
}
```

3. 示例代码:

```
/* 输出字符对应的 ASCII 码 */
#include<stdio.h>
void main()
{
    char c;
    scanf("%c",&c);
    printf("%d\n",c);
}
```

第4章　选择结构程序设计

一、单选题

1. 答案:C

解析:无解析

2. **答案**:A

解析:'\40' 是转义字符,40 是八进制数,表示十进制数 32,是空格字符的转义字符写法。'32' 写法错误,不是一个字符,因为一个字符类型数据 '' 中只能有一个字符,字面上如果有多个字符,一定是转义字符。

3. **答案**:C

解析:无解析

4. **答案**:D

解析:参考第 2 题,此题的 if-else 语句用 {} 可以写成如下形式。

```c
#include <stdio.h>
int main( )
{
    int x,y;
    scanf("%d,%d",&x,&y);
    if (!(x-y)){
        printf("x==y");
    }
    else{          //此 {} 内整个都是上一层 if-else 语句语法中 else 后面的一条语句,
                   //这个 {} 内现在也是一条 if-else 语句
        if (x>y)
            printf("x>y");
        else
            printf("x<y");
    }
}
```

纵观整个代码,因为 !(x-y) 的值是 0,则执行第一个 else 后面的语句,因此就是执行:

```c
{
    if (x>y)
        printf("x>y");
    else
        printf("x<y");
}
```

执行到这条 if-else 语句时,按 if-else 语句的执行规则去执行完成相关代码就可以了。

5. **答案**:C

解析:else 总是与离它最近的 if 配对。

6. **答案**:A

解析:char 类型数据参与加减等,用它的 ASCII 进行。因此,如果把一个数字字符转换成对应的数字,只要把这个数字字符 –'0',如字符 '9' 变成数字 9,只要写成:'9'–'0'。

7. 答案:B

解析:else 总是与离它最近的一个 if 配对。

8. 答案:A

解析:无解析

9. 答案:D

解析:注意 break 关键词在 switch 语句中的用法。

10. 答案:B

解析:无解析

11. 答案:D

解析:x = z = y 是一个赋值表达式,先把 y 的值赋给 z,z 再赋给 x,整个表达式 x = z = y 的值就是 x 的值,if() 中的表达式非 0 时,执行 if() 后的语句,否则不执行。

12. 答案:D

解析:无解析

13. 答案:B

解析:

```
switch (y)
{
case 0:printf("first\n");break;
case 1:printf("second\n");break;
}
```

是作为 switch(x) 语句中,case 1: 后面的一条语句。

如果执行 switch (x) 时,x 是 1,执行 switch(y){} 这条语句,并按照 switch 语句规则把它执行完。同时,执行 switch(x){} 语句也按照 switch 语句规则把它执行完。此题中,x 是 1,执行 switch(y){},只输出 first,switch(x){} 语句中的 case 1 后面的语句 switch(y){} 执行完,因为没有执行到 break,所以还要执行

```
case 2: printf("third\n");
```

14. 答案:A

解析:if(!c) d = 15; else d = 25; 是作为 if(!b) 后面的一条语句,不执行该语句。

15. 答案:C

解析:因为 "a<b" 条件不满足,其后的 if-else 语句不执行。

16. 答案:B

解析:(z = y) 是一个表达式,它的值就是 z 的值。

17. 答案:A

解析:注意 break 关键词在 switch 语句中的用法。

18. 答案:D

解析:"printf("%d\n",a< = 100);" 语句输出的是关系表达式的值。

19. 答案：C

解析：无解析

20. 答案：B

解析：表达式 b=a>15?a+10:a-10 的值就是 b 的值，a>15?a+10:a-10 的值是 5，b 的值为 5，因此 !b 的值为 0。

21. 答案：A

解析：else 与其最近的 if 匹配，但是 if-else 之间若是多条语句，必须用 {} 括起来，构成语句组。

二、编程题

1. 示例代码：

```c
#include<stdio.h>
int main(void)
{
    int weight;
    scanf("%d",&weight);
    int price=0;
    if(weight<=20)
        price=100;                          // weight<=20 时,运费 price 赋值为 100
    else
        price=100+((weight-20+9)/10)*5; // 当 weight 大于 20 时,(weight-20+9) 对 10
                                        // 求整运算,刚好满足条件
    printf("%d",price);
    return 0;
}
```

解析：无解析

2. 示例代码：

```c
#include<stdio.h>
#include <math.h>                           // 需要用到开方运算 sqrt()
int main()
{
    int a,b,c;
    double s,area;
    scanf("%d%d%d",&a,&b,&c);
    s=(a+b+c)*0.5;
    area=sqrt(s*(s-a)*(s-b)*(s-c));
    if(a+b>c&&a+c>b&&b+c>a){             // 判断两边之和是否大于第三边,注意需同时考
                                        // 虑到三种情况,逻辑与
        printf("%.3lf",area);}
```

```
    else{                              // 两边之和不大于第三条,输出 "error"
        printf("error");}
    return 0;
}
```

解析:无解析

3. 示例代码:

```
#include <stdio.h>
int main()
{
    char grade=getchar();                          // 输入标签号
    switch (grade){      // grade 是字符类型,case 中的标签也需要是字符类型
    case'A' ... 'E':printf(" 优秀 ");break; // 多个标签的简洁写法,break 不可以省略
    case'F' ... 'J':printf(" 良 ");break;
    case'K' ... 'O':printf(" 中 ");break;
    case'P' ... 'T':printf(" 合格 ");break;
    case'U' ... 'Y':printf(" 基本合格 ");break;
    default : printf(" 不合格 ");
    }
    return 0;
}
```

解析:无解析

4. 示例代码:

```
#include <stdio.h>
int main ()
{
    char a;
    a=getchar();
    if(a>='A'&& a<='E')                        // 逻辑与表达式
        printf(" 优秀 ");
    else if(a>='F'&& a<='J')                   // if-else 语句的嵌套应用
        printf(" 良 ");
    else  if(a>='K'&& a<='O')
        printf(" 中 ");
    else if(a>='P'&& a<='T')
        printf(" 合格 ");
    else  if(a>='U'&& a<='Y')
```

```
        printf("基本合格");
    else
        printf("不合格");
    return 0;
}
```

解析:无解析

第5章　循环结构程序设计

一、单选题

1. **答案:**B

解析:无解析

2. **答案:**C

解析:do 语句的控制表达式为 !x,执行完 do 后的语句后,x 为 1,!x 就是 0,所以循环体执行一次。

3. **答案:**B

解析:表达式"!x!=0"中,变量 x 左边的"!"是逻辑非运算符,优先级高于其右边的"!=",即首先对 x 求非,然后判断是否等于 0。此代码中的 while 循环体仅执行一次。

4. **答案:**A

解析:此代码中的 while 循环体执行三次之后,n 为 3,不再满足"n++<=2"的条件。

5. **答案:**D

解析:选项 D,逗号表达式,完成了循环变量 i 的交替改变,循环值 sum 的改变,以及循环条件的判断。逗号表达式的值为最后一个子表达式的值,刚好实现对循环条件的判断。

6. **答案:**C

解析:循环变量为 s,每轮执行,其值分别为:1,5,14。

7. **答案:**B

解析:无解析

8. **答案:**C

解析:"1.0/(i*i)"返回类型为 double 类型,能够保留小数信息。

9. **答案:**B

解析:第一次执行循环体,x % 3 的值是 1,因此执行完 if 语句后,x 的值变为 9,又无条件执行 2 次"--x;",其值变为 7。

10. **答案:**C

解析:z 需要先初始化,才可以出现在赋值语句的右侧。而选项 D,仅实现了 x 的 y-1 次方。

11. **答案:**B

解析:do 语句仅执行一次。

12. **答案:**C

解析:内循环执行 5 次,外循环执行 4 次。

13. 答案：A

解析：关键词"continue"只退出本轮循环。

14. 答案：C

解析：无解析

15. 答案：B

解析：(ch＝getchar())!＝'\n' 计算中,先执行 getchar() 得到缓冲区字符,并赋给 ch,此时表达式 ch＝getchar() 的值就是 ch 的值,这个值再与 '\n' 比较不等关系。

16. 答案：C

解析：无解析

17. 答案：D

解析：当"x>=0"时,while 循环语句执行。

18. 答案：B

解析：printf 语句中的"--y",是先减后用。

19. 答案：A

解析：当 e 不是 0 时,表达式 !e 的值是 0,表达式 e==0 的值也是 0。当 e 是 0 时,表达式 !e 的值是 1,表达式 e==0 的值也是 1。

20. 答案：B

解析：无解析

21. 答案：C

解析：for () 中没有表达式 2 时其值按 1 处理。

22. 答案：B

解析：i 初始为 2,计算表达式 2 的值,即"i==0"为 0,不执行循环语句。

23. 答案：A

解析：无解析

24. 答案：B

解析：无解析

25. 答案：A

解析：当 j＝1,2 时,内层循环 do 语句分别执行两次,sum＝7,当 j>＝3,do 语句仅执行一次。

二、编程题

1. 示例代码：

```c
#include<stdio.h>
int main(void)
{
    int n,s=1;                    // 变量 s 保存阶乘结果,初始化为 1
    scanf("%d",&n);
    for(int i=1;i<=n;i++)
        s=s*i;                    // 阶乘累乘
    printf("%d",s);
```

```
    return 0;
}
```

解析:无解析

2. 示例代码:

```
#include<stdio.h>
int main() {
    int n, sum = 0;
    int factorial = 1;
    int i;
    scanf( "%d",&n);
    for (i = 1; i <= n; i++) {
        factorial *= i;                 // factorial 计算并保存各个循环变量的阶乘
        sum += factorial;
    }
    printf("%d", sum);
    return 0;
}
```

解析:无解析

3. 示例代码:

方案一:枚举法

```
#include<stdio.h>
int main(void)
{
    int m,n,a=0,b,i,j=1,max;
    scanf("%d%d",&m,&n);
    max=(m>n?m:n);
    for(i=1;i<=m&&i<=n;i++){
        if((m%i==0)&&(n%i==0)){
            a=i;                        // 执行完毕,a 即为最大公约数
        }
    }
    while(1){
        if((max%m==0)&&(max%n)==0){
            break;
        }
        max++;
    }
```

```
        b=max;                                  //b 为最小公倍数
        printf("%d ",a);
        printf("%d",b);
        return 0;
}
```

方案二:辗转相减法

```
#include <stdio.h>
int main() {
    int m, n;
    scanf("%d %d", &m, &n);
    int a = m, b = n;
    while (a != b) {
        if (a > b) {
            a = a - b;
        } else {
            b = b - a;
        }
    }
    int gcd = a;                                //最大公约数
    int lcm = (m * n) / gcd;
    printf("%d %d", gcd, lcm);
    return 0;
}
```

方案三:辗转相除法

```
#include <stdio.h>
int main ()
{
    int m, n;
    int i;
    scanf("%d%d",&m,&n);
    int a, b;                                   //a,b 分别初始化为 m、n 的较大、较小值
    a = m>n?m:n;
    b = m>n?n:m;
    while(b)
    {
        i=a%b;
        a=b;
```

```
            b=i;
        }
    printf("%d %d",a,m*n/a);            // a 为最大公约数,"m*n/a"为最小公倍数
    return 0;
}
```

4. 示例代码:

```
#include <stdio.h>
int main ()
{
    char a;
    int letters=0,space=0,digit=0,other=0;
    while((a=getchar())!='\n')          // getchar() 只要不回车就执行循环体
    {
        // 此处的逻辑或表达式,需要同时判断大、小写
        if(a>='a'&&a<='z' || a>='A'&&a<='Z')
            letters++;
        else if(a>='0'&& a<='9')
            digit++;
        else
            other++;
    }
    printf("%d %d %d",letters,digit,other);
    return 0;
}
```

解析:无解析

5. 示例代码:

```
#include<stdio.h>
int main()
{
    int N,sum_1=0,sum_2=0;
    scanf("%d",&N);
    for(int i=1;i<=N;i++)
    {
        if(i%2==0)
        {
            sum_1+=i;                   // sum_1 保存偶数和
        }
```

```
            else
                sum_2+=i;                        // sum_2 保存奇数和
        }
        printf("%d %d",sum_2,sum_1);
        return 0;
}
```

6. 示例代码：

```
#include <stdio.h>
int main ()
{
    int a,sum=0;
    for(a=101;a<=150;a++)
    {
        int i=2;
        for(;i<a;i++)  if(a%i==0)  break;  // 判断 i 是不是素数
        if(i==a)   sum+=a;                     // 若 i==a,则 a 是素数
    }
    printf("%d",sum);
    return 0;
}
```

　　解析：用一个循环让 i 从 101 变动到 150,在这个循环体中,判断 i 是不是素数,如果是,就加到一个变量中。

7. 示例代码：

```
#include <stdio.h>
#include <math.h>
int main ()
{
    int a,i=0;
    scanf("%d",&a);
    for(i=1;i<sqrt(a);i++)              // 仅需验证小于"sqrt(a)"的整数,
                                        // 可以保证因子对中,小的在前,且避免重复
        if(a%i==0) printf("%d %d\n",i,a/i);
    return 0;
}
```

第6章 指针(基础)

一、单选题

1. 答案:B

解析:在 C 语言中,指针是一个变量,它存储的是另一个变量的地址,因此变量的指针是指该变量的地址。

2. 答案:B

解析:语句 int *p = &x; 定义 p 为一个指向 x 的指针。通过 *p,我们可以访问 x 的值,并将其修改为 20。因此,执行完毕后,x 的值是 20。

3. 答案:C

解析:*p 表示指针 p 所指向的值,即变量 x 的值。%d 用于输出整数,%p 用于输出指针地址。

4. 答案:C

解析:p+1 表示指针 p 所指向的下一个整数的地址。这是因为指针的加法运算考虑到了指针所指向的数据类型的大小。

5. 答案:B

解析:*p 的值是 5(因为 p 指向 a),所以 *p + 1 的值是 6,这个值被赋给了变量 a。

6. 答案:B

解析:在 C 语言中,星号 * 应该紧跟在变量类型之后,表示这是一个指针变量。所以正确的声明是 int *p;,而不是 int p*;。

7. 答案:D

解析:无解析

8. 答案:A

解析:b=*&a; 等号右侧的表达式是想获取变量 a 的地址里保存的值,即 3。

9. 答案:B

解析:赋值表达式:*x=50 修改了指针 x 所指地址的值。

10. 答案:B

解析:无解析

11. 答案:C

解析:一定要区分"*"在指针定义和引用时不同的物理意义,* 与数据类型结合定义一个指针变量,而没有数据类型,仅有 * 和变量结合,表示获取变量所指向地址的值。

二、编程题

1. 示例代码:

```c
#include <stdio.h>
void swap(int *a, int *b) {              //形参为指针,接收传递过来的地址值
    int temp = *a;                       //这三个语句,获取地址所保存的值,并交换
    *a = *b;
    *b = temp;
}
```

```c
int main() {
    int x = 5, y = 10;                     //定义两个变量
    printf("Before swap: x = %d, y = %d\n", x, y);
    swap(&x, &y);                          //将两个变量的地址传递给交换函数
    printf("After swap: x = %d, y = %d\n", x, y);
    return 0;
}
```

2. 示例代码：

```c
#include <stdio.h>
#include <stdlib.h>
int main() {
    int *array = (int *)malloc(5 * sizeof(int));  //动态内存分配创建一个整数数组,
                                                  //并将首地址赋给指针 array
    int i,j;
    if (array == NULL) {                   //判断动态内存分配是否成功
        printf("Memory allocation failed\n");
        return 1;
    }
    for (i = 0; i < 5; i++) {              //指针 array 类似于数组名
        array[i] = i + 1;
    }
    for (i = 0; i < 5; i++) {
        printf("%d ", array[i]);           //输出前 5 个元素的值
    }
    free(array);                           //动态分配的内存单元,记得要释放掉
    return 0;
}
```

3. 示例代码：

```c
#include <stdio.h>
int  stringLength(const char *str) {   //实现字符串长度的统计功能
    int length = 0;
    while (*str != '\0') {          //进入循环之前,str 指向字符串的首地址,字符串结束标
                                    //志 '\0' 用于判断是否遍历完所有字符
        length++;
        str++;
    }
    return length;
}
```

```
int main() {
    const char *myString = "Hello, World!";    //myString 为指向字符的指针
    printf("Length of the string: %d\n", stringLength(myString));
    return 0;
}
```

第 7 章   数组

一、单选题

1. 答案：B

解析：int a[5]; 定义后，因为没有初始化，各元素只有分配的内存，各元素数据是一个随机值。

2. 答案：A

解析：无解析

3. 答案：D

解析：数组名指定的数据类型是整个数组，一维数组的元素数据类型是定义数组时指定的数据类型。

4. 答案：C

解析：二维数组的数组名指定了包含行列的整个数组，其元素仍为一维数组，是二维数组的一行，即 float[5]。

5. 答案：B

解析：二维数组的元素是一维数组。这里一维数组的数据类型是本二维数组的一行，即 int[3]。

6. 答案：B

解析：a[0] 是一维数组。

7. 答案：A

解析：C 语言中，二维数组按照行优先保存的。

8. 答案：C

解析：C 语言中，二维数组按照行优先保存的，每一行保存 4 个元素。

9. 答案：D

解析：无解析

10. 答案：C

解析：%c 只能正确解释 char 型数据。s1[5]、s2[7] 超过了字符数组的范围。但 s1,s2 的数据类型是 char[n],n 是一个正整数。因此 s1,s2 不是字符，答案 printf("%c%c",s1,s2); 不对。puts(s1,s2); 语法错误。

11. 答案：D

解析：若定义的数组长度大于初始化元素个数，数组的其他元素自动补 0。

12. 答案：A

解析：printf 函数的格式控制 "%s" 的用法，遇到字符串结束标识 '\0',自动截止。

13. 答案：B

解析:字符串的最后有一个字符 '\0'。一维数组元素的个数要比字符串的字面量(即字符串的长度)多一个。

14. **答案**:D

解析:根据定义得知数组 c 包含 10 个元素,前 5 个元素被赋予了初始值,其他的值为 0。

15. **答案**:C

解析:语句 char c[]="string"; 执行完毕,数组 c 的最后自动添加一个字符 '\0',作为字符串结束标识。

16. **答案**:A

解析:数组 c 为字符串常量数组,长度为字符串中字符个数加 1,包括结束标志符 '\0'

17. **答案**:B

解析:getchar() 一次仅接收一个字符,gets() 函数不可以有两个参数。

18. **答案**:C

解析:无解析

19. **答案**:C

解析:数组 a 按照行优先保存,第一行包含 6 个变量,则第 10 个变量在第二行,即 a[1] 行。

20. **答案**:A

解析:gets 从标准输入设备读字符串函数,其可以无限读取,不会判断上限,以回车结束读取。

21. **答案**:B

解析:C 语言中,二维数组按照行优先保存,故在选项 B 中,列的长度不可以省略。

22. **答案**:B

解析:数组 a 的第 4 行,即 a[3] 中的所有数据都为 0。

23. **答案**:D

解析:x[10]={0,2,4};虽然只给了 3 个数据,但 x 是一维数组名,它的数据类型是 short int [10],占 20 个字节。

24. **答案**:D

解析:str[0][0] 为具体的值。

25. **答案**:C

解析:考察 scanf、gets 函数的用法。

二、编程题

1. 示例代码:

```c
#include<stdio.h>
int main(){
    int i,p=0,arr[10];              //p 用于保存最小值的下标,初始化为第一元素的下标
    for(i=0;i<10;i++)
        scanf("%d",&arr[i]);
    for(i=1;i<10;i++)
        if(arr[i]<=arr[p])  p=i;    //遍历数组,若存在更小值,将 p 更改为其下标
    printf("%d %d",arr[p],p);
```

```
        return 0;
}
```

2. 示例代码：

```
#include<stdio.h>
int main() {
    int n,i,j,t,x;
    scanf("%d\n",&n);
    int arr[n];
    for(i=0; i<n; i++)
        scanf("%d",&arr[i]);
    for(i=0,j=n-1; i<j; i++,j--) {        // 数组左右对称元素对调,实现逆序存放
        t=arr[i];
        arr[i]=arr[j];
        arr[j]=t;
    }
    scanf("%d\n",&x);
    printf("%d",arr[x]);
    return 0;
}
```

解析:无解析

3. 示例代码：

```
#include <stdio.h>
int main()
{
    char s[100];
    int i,j;
    scanf("%[^\n]",s);                      // [^\n] 表示读入换行符就结束读入,可以接收空格
    for(i=0;s[i]!='\0';i++){
        if(s[i]>='a'&&s[i]<='z') s[i]-=32;  // 小写字母 ascII 比大写大 32
        else if(s[i]==' ') s[i]='_';
    }
    printf("%s",s);
    return 0;
}
```

解析:无解析

4. 示例代码：

```
#include <stdio.h>
int main()
{
    int n,m;
    scanf("%d%d",&n,&m);
    float s[811][811];                      // 此处的 811 是随机设置的一个比较大的数,
                                            // 确保能够接收所有输入数据

    for (int i=0;i<n;i++){
        for (int j=0;j<m;j++){
            scanf("%f",&s[i][j]);    // 接收输入值
        }
    }
    float sum=0,a=0;
    for (int i=0;i<n;i++){
        for (int j=0;j<m;j++){
            if(i==0||j==0||i==n-1||j==m-1) sum += s[i][j];   // 边界上的数据求和
        }
    }
    a=sum/((m+n)*2.0-4);
    printf("%.1f",a);
    return 0;
}
```

解析:无解析

第 7 章　数组(提高篇)

一、单选题

1. 答案:C

解析:字符串赋给数组,C 语言编译器自动加入字符串结束标识"\0"。

2. 答案:D

解析:无解析

3. 答案:C

解析:二维数组名的数据类型为包含行和列的对应数据类型,二维数组中的元素为一维数组类型。

4. 答案:D

解析:str[0] 表示第 0 行(一维数组)的起始地址,加 2 指向第 0 行第 3 个数据。

5. 答案:A

解析:a[0][9] 可以看成是数组名为 a[0] 的一维数组,其下标为 9 的数据,正好是最后一个数据 9。因为二维数组各数据是以行优先顺序存放的。

6. **答案**:D

解析:a、a[0] 和 &a[0][0] 三者的物理意义不一样,但是都保存了数组的起始地址。

7. **答案**:B

解析:无解析

8. **答案**:B

解析:数组名是指针常量,不可以修改,选项 A 错误。

9. **答案**:B

解析:考查数组初始化问题,数组 dst 在定义时即被初始化,未被赋值的元素自动初始化为 0。

10. **答案**:A

解析:C 语言中,二维数组按照行优先存储,则可根据列长将其看成不同行的一维数组,即数据类型为 int[6]

二、编程题

1. 示例代码:

```
#include<stdio.h>
int main()
{
    int a[100];
    int count = 0;                       //存储数据个数
    for(int i=0;i<100;i++)
    {
        scanf("%d",&a[i]);
        if(a[i]==-1)
            break;
        else
            count++;
    }
    //利用冒泡排序执行数据排序
    for(int i=1;i<count;i++)             //注意循环变量的起始
        for(int j=0;j<count-i;j++)       //内层循环变量受限于外层循环变量
        {
            if(a[j]>a[j+1])
            {
                int t = a[j];
                a[j] = a[j+1];
                a[j+1] = t;
```

```
                }
            }
        for(int i=0;i<count; i++)
        {
            printf("%d ",a[i]);
        }
}
```

解析:无解析

2. 示例代码:

```
#include <stdio.h>
#define NUM_COURSES 2                    //课程门数
int main() {
    int n;                               //输入学生人数
    scanf("%d",&n) ;
    int ids[n];                          //存储学号的数组
    int scores[n][NUM_COURSES];          //存储成绩的二维数组
    int totals[n];                       //存储总分的数组
    int i, j, temp;
    for ( i = 0; i < n; ++i) {
        scanf("%d%d%d", &ids[i],&scores[i][0],&scores[i][1]);   //输入学生信息
        totals[i] = scores[i][0] + scores[i][1];                //计算每位学生的总分
    }

    //使用冒泡排序按总分降序排序,并同时调整学号成绩数组的顺序
    for (int i = 0; i < n - 1; ++i) {
        for (int j = 0; j < n - i - 1; ++j) {
            if (totals[j] < totals[j + 1]) {
                //交换总分
                temp = totals[j];
                totals[j] = totals[j + 1];
                totals[j + 1] = temp;
                //交换学号
                temp = ids[j];
                ids[j] = ids[j + 1];
                ids[j + 1] = temp;
                //交换成绩
                for (int k = 0; k < NUM_COURSES; ++k) {
                    temp = scores[j][k];
```

```
                    scores[j][k] = scores[j + 1][k];
                    scores[j + 1][k] = temp;
                }
            }
        }
    }
    // 输出学生信息
    for (int i = 0; i < n; ++i) {
        printf(" 学号：%d, 第一门课成绩：%d, 第二门课成绩：%d, 总分：%d\n",
                ids[i], scores[i][0], scores[i][1], totals[i]);
    }
    return 0;
}
```

解析：无解析

3. 示例代码：

```
#include<stdio.h>
int main(void)
{
    int a[6][5]={                          // 数组初始化
        12,7,8,9,12,
        10,8,14,15,13,
        8,18,7,9,17,
        18,7,12,9,17,
        14,10,9,9,17,
        14,8,17,9,13
    };
    int i, j, temp;
    for (i = 0; i < 3; i++) {
        for (j = 0; j < 5; j++) {
            temp =a[i][j];
            a[i][j] = a[6 - i - 1][j];      // 注意下标的控制
            a[6 - i - 1][j] = temp;
        }
    }
    for (i = 0; i < 6; i++) {
        for (j = 0; j < 5; j++) {
            printf("%d,", a[i][j]);          // 每一个数据后面均带一个 ","
        }
```

```
            printf("\n");
    }
    return 0;
}
```

解析:无解析

4. 示例代码:

```
#include <stdio.h>
#define M 100
#define N 100
#define C 100
int main()
{
    int m, n, c;
    int a[M][N], b[N][C], ans[M][C];
    scanf("%d%d%d", &m, &n, &c);
    for (int i = 0; i < m; i++)
        for (int j = 0; j < n; j++)
            scanf("%d", &a[i][j]);
    for (int i = 0; i < n; i++)
        for (int j = 0; j < c; j++)
            scanf("%d", &b[i][j]);
    for (int i = 0; i < m; i++)                // 三重循环实现矩阵相乘
        for (int j = 0; j < c; j++)
        {
            ans[i][j] = 0;                     // 不要忘记初始化为 0,以便实现累加
            for (int k = 0; k < n; k++)
                ans[i][j] += a[i][k] * b[k][j];    // 注意下标的控制
        }
    for (int i = 0; i < m; i++)
    {
        for (int j = 0; j < c; j++)
            printf("%d ", ans[i][j]);
        printf("\n");
    }
    return 0;
}
```

解析:无解析

5. 示例代码：

```c
#include <stdio.h>
int main()
{
    int M, N;
    scanf("%d %d", &M, &N);
    int matrix[M][N];
    for(int i = 0; i < M; i++)
    {
        for(int j = 0; j < N; j++)
        {
            scanf("%d", &matrix[i][j]);        // 初始化矩阵
        }
    }
    for(int i = 0; i < M; i++)
    {
        for(int j = 0; j < N/2; j++)            // 注意循环控制表达式 2 的边界控制
        {
            int temp = matrix[i][j];
            matrix[i][j] = matrix[i][N-1-j];  // 注意矩阵下标的控制
            matrix[i][N-1-j] = temp;
        }
    }
    for(int i = 0; i < M; i++)
    {
        for(int j = 0; j < N; j++)
        {
            printf("%d ", matrix[i][j]);
        }
        printf("\n");
    }
    return 0;
}
```

解析：无解析

第 8 章　函数

一、单选题

1. 答案：D

解析：函数首部包括返回类型、函数名和参数列表。

2. 答案：B

解析：形参用于接收实参传递过来的数据，常量、表达式无法接收。

3. 答案：C

解析：void prt_char(); 是函数声明语句，可以看出该函数无返回值，但是函数调用语句将其赋给变量 k，不合语法。

4. 答案：B

解析：无解析

5. 答案：D

解析：函数形参只有在调用时才分配内存单元，显然在形参定义时调用函数不合法。

6. 答案：C

解析：函数首部的参数列表中，所有参数的数据类型都需要定义。

7. 答案：B

解析：即使形参是指针，传递的也是地址值。

8. 答案：A

解析：无解析

9. 答案：A

解析：无解析

10. 答案：D

解析：无解析

11. 答案：D

解析：保证 return 语句返回的变量类型和函数的返回类型一致。

12. 答案：C

解析：无解析

13. 答案：D

解析：fun 函数没有接收到确定的 c 值，也不能够返回 c 的值。

14. 答案：A

解析：无解析

15. 答案：D

解析：把表达式"12+5"的值，即 17 传递给形参 x。

16. 答案：B

解析：数组名 x 表示数组的起始地址，将其传递给形参，表示形参 a 也指向了数组 x 的起始地址，故此对 a 所指地址中值的修改，直接影响数组 x 的值。

17. 答案：B

解析：数组作为形参并被调用，类似于数组的定义和初始化。二维数组按照行优先存储，列的长度不可以省略。

18. 答案：C

解析：数组名作为函数参数传递的是地址，形参和实参都指向数组。

19. 答案：C

解析：二维数组名 a 正确地传给了形参 b，即表示将二维数组的地址传递给 b，b 和 a 的物理意义一样了。

20. 答案：B

解析：在任何函数体内部定义的普通变量都是局部变量。

二、判断题

1. 答案：错误

解析：在函数体未完全结束，也可以有条件的 return。

2. 答案：正确

解析：无解析

3. 答案：错误

解析：函数的返回值参与表达式的运算。

4. 答案：错误

解析：形参用于接收实参传递过来的数据，常量、表达式无法接收。

5. 答案：正确

解析：无解析

6. 答案：正确

解析：无解析

7. 答案：正确

解析：无解析

8. 答案：正确

解析：无解析

9. 答案：错误

解析：main 函数是入口函数，可以放在代码的任何位置。

10. 答案：错误

解析：仅要求实参和形参的数据类型一致，不要求形参的标识符与实参的一致。

三、编程题

1. 示例代码：

```
#include<stdio.h>
int dj(int a)                          //形参接收百分制的分值
{
    if(a>=90&&a<=100)
        printf("A");
    if(a>=80&&a<=89)
        printf("B");
```

```
    if(a>=70&&a<=79)
        printf("C");
    if(a>=60&&a<=69)
        printf("D");
    if(a>=0&&a<=59)
        printf("E");
    return a;
}
int main(void)
{
    int a;
    scanf("%d",&a);
    dj(a);                          // 调用等级转换函数
    return 0;
}
```

解析：无解析

2. 示例代码：

```
#include<stdio.h>
// 形参分别接收二维数组的行、列，二维数组名的值，各行和的一维数组名的值
// 要在 C99 标准后才能正确执行，在 C90 标准中，把 row、col 定义成常量，且去掉此参数 int row,
    int col,
void A_row_sum(int row, int col, int a[][col], int sum[row])
{
    sum[row]=0;                     // 初始化 sum 数组
    int i,j,x;
    for(i=0;i<row;i++)
    {
        x=0;
        for(j=0;j<col;j++)
            x+=a[i][j];
        sum[i]=x;                   // 此处实现对 sum 数组元素的修改
    }
}
int  main(void)
{
    int row,col;
    scanf("%d%d",&row,&col);
    int a[row][col],sum[row];       // C99 标准之后，才可以这样定义
```

```
    int i,j;
    for(i=0;i<row;i++)
        for(j=0;j<col;j++)
            scanf("%d",&a[i][j]);        //二维数组初始化
        A_row_sum(row,col,a,sum);        //实参a、sum传递的是地址,调用函数实现对
                                         //sum数组元素的初始化
    for(i=0;i<row;i++)
        printf("%d ",sum[i]);            //输出各行的和
    return 0;
}
```

解析:无解析

3. 示例代码:

```
#include<stdio.h>
void find_max_min(int n,int a[],int re[])
{
    int max=a[0],min=a[0];
    for(int i=0;i<n;i++)                  //这个循环确定数组中最大值和最小值
    {
        if(max<a[i])
            max=a[i];
        if(min>a[i])
            min=a[i];
    }
    re[0]=min;                //此函数中的min值放在以re为编号的内存区中,也就是main
                             //函数中的result数组变量区。这样就相当于传回来最小最大值
    re[1]=max;
}
int main(void)
{
    int i, n;
    int result[2];                       //准备存放最大值和最小值
    scanf("%d", &n);
    int arr[n];                          //在C99标准后才可以正确执行
    for (i = 0; i <n; i++) {
        scanf("%d", &arr[i]);
    }

    find_max_min(n,arr,result);          //把result的起始地址作为实参传给被调函数
```

```
        printf("%d %d",result[0],result[1]);
        return 0;
}
```

第8章　函数(提高篇)

一、单选题

1. 答案:C

解析:调用其他函数时,传递实参。

2. 答案:A

解析:系统默认为 int 类型。

3. 答案:B

解析:代码中退出 while 循环体,表示两个字符串存在不相等的字符或者一个字符串遍历结束,此时下标 i 对应字符的差表示两个字符串的差。

4. 答案:A

解析:主要考查静态变量的应用。static int c=3;静态变量 c 被初始化后,再次遇到该语句将不再执行,但 c 值可以被修改,其内存空间不被收回,直至程序结束。

5. 答案:C

解析:递归函数的调用一定要调试分析,类似于下楼梯,需要满足一定条件才可以下,不满足返回时也要一个台阶一个台阶地返回。

二、编程题

1. 示例代码:

```c
#include <stdio.h>
#include <string.h>
void insertAndSort(char str[], char strToInsert[]) {
    int len1 = strlen(str);
    int len2 = strlen(strToInsert);
    int i, j, k;
    //插入 strToInsert 字符串的各字母到 str 中
    for (i = 0; i < len2; i++){
        //找到插入位置
        for (j = 0; j < len1; j++) {
            if (str[j] >= strToInsert[i]) {
                break;
            }
        }
        //把插入位置之后的元素后移
        for (k = len1; k > j; k--) {
```

```
            str[k] = str[k - 1];
        // 把字母插入到对应位置
            str[j] = strToInsert[i];
            len1++;
        }
}
int main(void) {
    char str[100] = "bcdefgh";
    char strToInsert[5] = "xyza";
    insertAndSort(str, strToInsert);
    printf("插入并排序后的字符串：%s\n", str);
    return 0;
}
```

解析: 无解析

2. 示例代码:

```
#include<stdio.h>
int sum(int N)
{
    if(N==1)                            // 只有一项时,和值是 1,直接返回
        return 2;
    int t=0,i=0;
    // 先递归求出前 N-1 项的和,放在 t 中。代码写在下面
    t=sum(N-1);
    i=2*N-1+N;
    return t+i;                          // 返回各项的和值
}
int  main(void)
{
    scanf("%d",&N);
    printf("%d ",sum(N));
    return 0;
}
```

解析: 第 N 项的值为 2*N-1+N

3. 示例代码:

```
#include <stdio.h>
#include <string.h>
void reverseString(char str[], int n) {
```

```
        if (n==1) {                                    // 如果只有一个字符,直接输出,不考虑逆序输出
            putchar(str[0]);
            return;
        }
        else {
            // 先输出最后一个字符
            putchar(str[n-1]);
            // 逆序输出前 n-1 个字符
            reverseString(str, n-1);
        }
}
int main(void)
{
    char str[100];
    gets(str);
    int length = strlen(str);
    reverseString(str, length);
    return 0;
}
```

解析:先输出最后一个字符,然后把前 n-1 个字符逆序输出。

4. 示例代码:

```
#include <stdio.h>
int findMaxRecursive( int n,int arr[]){
    int max;
    if(n==1)
        return arr[0];
    else{
        max=findMaxRecursive(n-1,arr);
        return max>arr[n-1]?max:arr[n-1];
    }
}
int main(void)
{
    int ROWS,COLS,i,j;
    scanf("%d%d",&ROWS,&COLS);
    int arr[ROWS][COLS];                        // 在 C99 标准之后才可正确执行
    for(i=0;i<ROWS;i++)
        for( j=0;j<COLS;j++)
            scanf("%d",&arr[i][j]);
```

```
// 传指向 int 的指针。arr[0],也可以写成 *arr
    int max = findMaxRecursive(ROWS*COLS,arr[0]);
    printf("%d", max);
    return 0;
}
```

解析:我们可以用一个指向二维数组的数据变量(即数组名 [i][j])的指针 p,让这个指针不断加 1,就可以遍历整个二维数组的所有数据变量。因此,二维数组的所有数据就可以用 p[i] 表示,i 从 0 到行数 * 列数 −1。考虑到子问题,如果得到前行数 * 列数 −1 个数据变量的最大值为 max,则整个二维数组所有数据变量的最大值,就是 max 与 p[行数 * 列数 −1] 这两个值的最大值。最小问题的最大值直接答案就是 p[0]。

5. 示例代码:

```
#include <stdio.h>
int fibonacci(int n) {
    if (n == 1||n==2) {
        return 1;
    } else {
        return fibonacci(n - 1) + fibonacci(n - 2);
    }
}
int main(void) {
    int N;
    scanf("%d", &N);
    for (int i = 1; i <= N; i++) {
        printf("%d ", fibonacci(i));
    }
    return 0;
}
```

解析:因 F (n)=F(n-1)+F(n-2),则明显给出了总问题的两个子问题,F(n-1) 和 F(n-2),先调用函数本身求 F(n-1),然后再调用函数本身求 F(n-2),则总问题的结果两者之和,最小问题有两个,即当 n 是 2 或 1 时,均有直接答案是 1。

第 9 章　指针、数组、函数(综合练习)

一、单选题

1. **答案**:B

解析:一维数组名的数据类型是整个一维数组元素派生的数据类型,这里是 int[10],一维数组名作为一个地址使用时,如表达式中,作为实参,它指向的数据类型是它的第一个元素的数据类型,这里是 int。

2. 答案:A

解析: p+=2,*(p++) 是逗号表达式,从左到右顺序计算,最后一个表达式的值为整个逗号表达式的值,这里先计算第一个表达式的值,则 p 指向数组的第三个元素 3 ,然后计算第二个表达式,先用 p 的值,所以第二个表达式的值就是 *p 的值,为 3,然后,p 指向数组的第四个元素。

3. 答案:C

解析: 无解析

4. 答案:D

解析: 数组名作为指针,指向的数据类型是它的元素的数据类型。这里 w 元素的数据类型是 int[4]

5. 答案:B

解析: w[0] 降为一维数组,指向的数据类型即为保存具体数据的 int 类型。

6. 答案:D

解析: ptr 是一个指针变量,在 64 位系统中一般占 8 字节。它指向的数据类型是 int[10]。而 ptrPoint 是一个一维数组名,它有 10 个元素,每个元素的数据类型是 int*。因此,数组名 ptrPoint 作为指针指向的数据类型是 int*。也就是说 ptrPoint[i] 的值是一个指针类型的数据,以这个指针类型为编号的地址中存放的 int 型数据。

7. 答案:C

解析: ptr 是指向数组的指针,数据类型是 int[10],ptr+1 表示指针将跨越 10 个 int 单元。

8. 答案:B

解析: int *ptr[10]; 中,ptr 是一个一维数组名,作为指针指向的数据类型是指针类型,具体地,是 int* 这样的指针类型,因此,ptr+1 是 ptr 加 8 字节。

9. 答案:B

解析: int (*p)[4]=w; 语句定义 p 为指向一维数组的指针,并用二维数组名为其赋值,则 p 初始指向第一行数组,指向类型为 int[4],p[1] 指向第二行数组,p[1][1] 则是第二行第二列的数据。

10. 答案:B

解析: [] 比 * 优先级高。因此,p[1] 就是 w 的第二行的那个一维数组名,*p[1] 就是 p[1][0],也就是 w 数组第二行的第一个变量值。(*p)[1] 是先计算 *p,即 w 数组的第一行这个一维数组的数组名,(*p)[1] 就是 w 数组第一行的第二个变量。

11. 答案:B

解析: ptrPoint[2] 是一个一维数组,ptrPoint 作为指针指向 char* 类型的数据,初始化时把两个字符串的首地址作为此数组元素的值。因此,ptrPoint[0] 指向数据类型是 char 型,ptrPoint[0][0] 和 *ptrPoint[0] 的值是 h。

12. 答案:C

解析: p 指向的数据类型是 int[4],因此 p++ 后,指向第二行这个一维数组。p[0] 就是第二行这个一维数组的首地址,指向的数据类型是 int,p[0] 就是第二行这个一维数组的数组名使用。

13. 答案:C

解析: 数组 a[b] 本质上等价于 *((a)+(b)),其中 a 和 b 中必须有一个是指针,另一个是整数。若 a 是指针,b 是整数,数组 a[b] 可理解为,基于指针 a 偏移 b* 数据类型所占的字节数,从而得到第 b 个数据。

14. **答案:**D

解析:在函数的形参定义中,a 与 b 都是指向 int 型数据的指针变量。

15. **答案:**C

解析:在函数的形参定义中,a 和 b 指向的数据类型均是 int[6]。

16. **答案:**D

解析:p 指向的数据类型是 int *,a 指向的数据类型是 int[3],数据类型不一致,不能执行 p = a;。

17. **答案:**B

解析:void *ptr; 定义 void 类型的指针,优点在于可以接收其他任何指针的值,但是在没有初始化之前,不能够对其修改,其实 void 是一个空类型,其值是 NOEXIST。

18. **答案:**A

解析:p 指向一个常量区,常量区的内容不可更改,因此不能给 *p 等赋值。*(p + 1) 是字符 o,puts() 中的参数是地址,输出从此地址开始的字符,直到遇到 '\0'。

19. **答案:**E

解析:p 指向有效的存放变量的空间,而不是指向常量区。因此,*p 的值是可以改的。

20. **答案:**C

解析:printf("%s ",p);,输出字符串直至遇到结束符 '\0'。

21. **答案:**C

解析:a 作为指针指向 int,但 p 作为指针指向的是 int*。

二、编程题

1. 示例代码:

```
#include<stdio.h>
#include<string.h>
void shu(char* p,int len)
{
    int sum1=0,sum2=0,sum3=0,sum4=0,i=0;
    for(i=0;i<len;i++)   //遍历字符串中所有字符,并根据字符类型分别统计个数
    {
        if(*(p+i)>='A' && *(p+i)<='Z') sum1++;
        else if(*(p+i)>='a'&& *(p+i)<='z') sum2++;
        else if(*(p+i)==' ') sum3++;
        else sum4++;
    }
    printf("%d %d %d %d",sum1,sum2,sum3,sum4);     //输出不同类型的统计数
}
int main(void)
```

```
{
    char a[50];
    gets(a);
    int len =strlen(a) ;                           //strlen() 返回字符串的长度
    shu(a,len);
    return 0;
}
```

2. 示例代码：

```c
#include<stdio.h>
#include<string.h>
void MergeString(char p[5][20], char* n )    //在 () 中加入形参
{
    int i,j;
    int k=0;
    for( i=0;i<5;i++)
    {
        //用循环语句遍历每一行的各个字符依次加入大字符串 n 中
        for( j=0;p[i][j]!='\0';j++)
            n[k++]=p[i][j];
    }
    n[k]='\0';                              //不要忘记加入字符串结束标识
}
int main(void)
{
    char str[5][20], MergeStr[100];
    for(int i=0;i<5;i++){                   //输入 5 个字符串
        gets(str[i]);                       //用 gets 函数接收字符串
    }
    //调用函数
    MergeString(str,MergeStr);              //调用函数后,MergeStr 保存了连接后的字符串
    //输出
    int len=strlen(MergeStr);
    for(int j=0;j<len;j++)
        printf("%c",MergeStr[j]);           //输出连接后的字符串
}
```

3. 示例代码：

```c
#include<stdio.h>
```

```
#include<string.h>
void copy(char* str1,char* str2,int m)
{
    int len1=strlen(str1);
    int i,k=0;
    for(i=m-1;i<len1;i++)
    {
        str2[k]=str1[i];
        k++;
    }
    str2[k]='\0';
}
int main(void)
{
    char a[10000],b[10000];  //a用于接收输入字符串,数组b保存复制的字符串
    int m;
    gets(a);
    scanf("%d",&m);               //从第m个字符开始复制
    copy(a,b,m);                   //将字符串a从第m个字符开始的剩余全部字符复制到字符串b
    int len1=strlen(b);
    for(int j=0;j<len1;j++)
    {
        printf("%c",b[j]);    //输出复制后的字符串
    }
    return 0;
}
```

第9章　指针、数组、函数(提高练习)

一、单选题

1. 答案:B

解析:二维数组 a 占有 3*5 个 int 内存单元,a[0][6] 超出了第一行内存范围,但是依然有有效值,即第二行第二个数据值。

2. 答案:B

解析:name_copy[0] 的数据类型是 char[10],与 name 的数据类型不一致。

3. 答案:C

解析:'long a=3,*x; *x=&a' 错误,因为引用时,x 的值是一个不确定值,*x 不能正确得到有效的内存空间。

4. 答案:D

解析:无解析

5. 答案:C

解析:无解析

6. 答案:C

解析:表达式:++*x 先获取 x 所指的值即 25,然后加 1。

7. 答案:B

解析:无解析

8. 答案:D

解析:语句 *p=&a[3] 使 p 指向第 4 个元素,p[5] 为 p+5 指向的数据,即 9。

9. 答案:D

解析:无解析

10. 答案:B

解析:a 是数组名,其值不可改。

11. 答案:D

解析:*(ptr+2)+=2; 修改了第 3 个元素的值,即 8+2。

12. 答案:D

解析:无解析

13. 答案:B

解析:gets 函数参数必须是地址。

14. 答案:C

解析:无解析

15. 答案:D

解析:该代码段的功能是输出两个字符串对应位相同的字符。

16. 答案:C

解析:一个对象 x 用 &,则 &x 作为指针指向此对象,对于数组名 x,&x 只作为指针用,因此,&x 是指针类型,sizeof(&x) 的值为 8,但作为指针,&x 指向的数据类型是整个数组。这一点与数组名不同,sizeof(x) 为整个数组所占内存。

17. 答案:B

解析:&a 指向整个一维数组,&a+1 指向数字 5 的后面,且指向的数据类型是 int[5],强制转换后,指向的数据类型是 int,也就是 ptr 指向的数据类型,因此,prt-1 向前移动一个 int 数据占用的空间,即 prt-1 就指向了 5。*(ptr-1) 的值就是 5。

18. 答案:B

解析:int a[3][2] = {(0,1),(2,3),(4,5)};,把 () 中的逗号表达式算出来,因此,它实质上就是 int a[3][2] = {1,3,5};,即二维数组各数据就是:

```
[1 3
 5 0
 0 0]
```

19. 答案:C

解析:int a[5][5]; int(*p)[4];中,假设 a 作为指针的值是 5000,p = (void*),a; 就是把 5000 赋给 p,为什么要用 (void*),是因为如果不转换,两个指针指向的数据类型不一致,造成错误。因为 void* 可以赋值给任意指针变量,强制类型转换成指向 void 的指针类型后,a 的值就可以正确赋给 p,p 的值就得到了 5000,并且指向 int[4] 这样的数据类型。&p[4][2] 就是第 4 行第 2 列(从 0 行或 0 列计)的数据的地址,因为 p 的一行是 4 个 int 型数据,因此,&p[4][2] 的值就是 5000+(4*4+2)*4,即 5072,同样地,因为 a 指向的数据类型是 int[5],因此,&a[4][2] 的值就是 5000+(4* 5 +2)*4,即 5088,即 &p[4][2]-&a[4][2] 从数值上相差 –16,根据指针的加减法规则,指针指向的 int 型,因此,–16 就是 4 个 int 型数据所占的空间,即结果是 –4。

20. 答案:D

解析:因为 &aa 作为指针,指向的数据类型是整个二维数组,因此,(&aa+1) 的值就是数据 10 后面的内存空间的值。把它赋给 ptr1,即 ptr1 指向的是 10 后面的那个 int 型数据。(*(aa+1)) 中,aa+1 指向第二行,即 "6,7,8,9,10",因此 *(aa+1) 就是指向 6 的指针,即 ptr2 指向 6。答案就明显了。

21. 答案:B

解析:char* a[] = {"work","cheng","alibaba"}; 假设三个字符串的地址分别是 5000、6000、7000,即分别放在 a[0],a[1],a[2] 中,这里 a 作为指针指向的数据类型是 char*,因为 pa 定义的 char** 类型,也就是说 pa 是指针,指向的数据类型也是 char*,即 pa 中存放的数据是一个指向 char* 的指针变量。因此,char** pa = a; 后,pa 的值就是存放 5000 这个值的地址。接下来 pa++,因为 pa 指向的数据类型是 char*,因此,pa 就指向下一个 char* 类型的数据,这里就是指向 6000,即 pa 的值就是存放 6000 这个数据的地址,所以 *pa 就是 6000,printf("%s",*pa) 的答案就清楚了。

22. 答案:A

解析:此处地址均是为说明方便所作的假设。

23. 答案:C

解析:无解析

24. 答案:A

解析:字符指针 str 指向静态数组的第二个元素地址,str[0]='T'; 将 'i' 修改为 'T'。

二、编程题

1. 示例代码:

```
#include <stdio.h>
int add(int a,int b)
{
    return a + b;
}
int sub(int a, int b)
{
    return a - b;
```

```
}
```
// 函数 Cal,通过参数指定不同的计算方式,第一个参数是一个函数指针,用来接收一个函数作为参数
```c
int Cal(int (*p)(int a, int b),int num1,int num2)
{
    return p(num1, num2);
}
int main(void)
{
    int a,b;
    scanf("%d%d",&a,&b);                        // 接收两个变量
    printf(" 和:%d 差:%d",Cal(add, a,b),Cal(sub, a,b));  // 注意 Cal 函数的调用方式:
                                                // 函数名作为实参
    return 0;
}
```

解析:无解析

2. 示例代码:

方案一:定义临时数组暂存待移动字符串

```c
#include <stdio.h>
void movingstr(char *p, int m)
{
    int i, count = 0;          // count 统计移动的字符个数,用于确定后期插入字符的位置
    char tempstr[m+2];         // 临时数组暂存待移动字符串
    for( i=0;i<m;i++)
        tempstr[i] = p[i];
    for(i=m;p[i]!='\0';i++)    // 从下标 m 处移动,注意数组下标从 0 开始
    {
        p[i-m] = p[i];
        count++;
    }
    for(i=0;i<m;i++)
    {
        p[count] = tempstr[i]; // 在字符串尾部,即从 count 位开始插入字符
        count++;
    }
}
int main(void)
{
    char str[100];
```

```
    int m;
    gets(str);
    scanf("%d",&m);
    movingstr(str,m);            //调用字符串移动函数
    printf("%s",str);
    return 0;
}
```

方案二:循环前移字符

```
#include <stdio.h>
#include <string.h>
char *movingstr(char *s,int m){
    int len=strlen(s),i,j; //应用该函数必须包含 string.h 头文件
    char temp;
    for(i=0;i<m;i++){
        temp=s[0];              //保留当前字符串的首字符
        //注意:len 返回字符串的长度不包含字符结束标识位,s[j+1] 不越界
        for(j=0;j<len;j++){
            s[j]=s[j+1];    //当 j 为 len-1 时,语句将字符结束标识'\0'复制到 len-1 位
        }
        s[len-1]=temp;         //移动首字符至字符串尾部
    }
    return s;
}
int main(void)
{
    char str[100];
    int m;
    gets(str);
    scanf("%d",&m);
    printf("%s",movingstr(str,m));
    return 0;
}
```

解析:无解析

3. 示例代码:

```
#include <stdio.h>
// average 函数实现各门课的平均成绩和每门课及格人数的统计
float * average(int (*p)[2], int n)  //指向数组的指针形参可以接收二维数组首地址,将
```

```
                                        // 多个统计结果用指针返回
{
    int i;
    float aver1=0,aver2=0;
    int num1=0,num2=0;
    for( i=0;i<n;i++)                    // 循环语句实现各门课成绩的统计
    {
        aver1 += p[i][0];
        aver2 += p[i][1];
        if(p[i][0]>=60) num1++;
        if(p[i][1]>=60) num2++;
    }
    float *q;
    q[0] = aver1/n;                      // 计算平均成绩并保存
    q[1] = aver2/n;                      // 计算平均成绩并保存
    q[2] = num1;                         // 每门课及格人数
    q[3] = num2;                         // 每门课及格人数
    return q;
}
int main()
{
    int n;
    scanf("%d",&n);
    int grade[n][2];
    for(int i=0;i<n;i++)
        scanf("%d%d",&grade[i][0],&grade[i][1]);
    float * p = average(grade,n);   // average 函数实现各门课的平均成绩和每门课及格
                                    // 人数的统计
    printf("%0.1f %.1f %.0f %.0f ",p[0],p[1],p[2],p[3]);   // 输出结果
    return 0;
}
```

第 10 章　结构体与枚举类型

一、单选题

1. 答案:D

解析:输入格式控制必须与结构体成员变量的类型一致。

2. 答案:A

解析:编译器为了提升内存访问性能,会对结构体数据进行分组访问,即结构体内存对齐,从而导致结构体变量所占内存大小不一定是它的成员变量大小之和。

3. 答案:A

解析:选项 A 的赋值形式,要求两个结构体必须完全一致(标签名也要一致)。

4. 答案:C

解析:Student 是 struct student 的别名,两者物理意义一样。

5. 答案:C

解析:选项 C 定义了指向结构体的指针数组,合法。

6. 答案:C

解析:访问结构体的成员变量或成员函数,成员选择符"."不能省略。

7. 答案:A

解析:无解析

8. 答案:C

解析:无解析

9. 答案:A

解析:数组 s 初始化后,s[0].x 为 1,s[1].x 为 2。

10. 答案:A

解析:"p = x + 2;"表示指针指向数组第三个结构体元素。

11. 答案:A

解析:注意指针和普通变量获取结构体成员的操作符不一样,指针用"–>",普通变量用"."。

12. 答案:B

解析:无解析

13. 答案:A

解析:无解析

14. 答案:A

解析:函数的形参是结构体指针,需要接收结构体地址,选项 A 传递了的结构体的值,不合法。

15. 答案:D

解析:malloc() 申请的空间不能被系统自动释放,通常用 free() 函数释放。

16. 答案:C

解析:无解析

17. 答案:C

解析:此处 arr 是指针变量。

18. 答案:C

解析:指针域必须接收的地址。

19. 答案:D

解析:没有指定值的成员,其值为前一个枚举成员的值加 1。

20. 答案:B

解析:head = &a;,head 被初始化为指向 a。a.next = &b;,a.next 指向 b。

二、编程题
1. 示例代码:

```c
#include <stdio.h>
struct student
{
    char name[10];
    int math;
    int computer;
};
void print(struct student a[] )          //括号中加形参为结构体指针 a
{
    int i=0;
    int sum=0;
    for(;i<2;i++)
    {
        sum=a[i].math+a[i].computer;     //计算两门课的成绩和
        printf("%s %d\n",a[i].name,sum);
    }
}
int main(void)
{
    struct student a[2]={{"zhang",100,70},{"wang",70,80 }};   //结构体数组初始化
    print(a);                            //调用函数,数组 a 作为实参传出
    return 0;
}
```

解析:无解析
2. 示例代码:

```c
#include <stdio.h>
struct student
{
    char name[20];
    float Math;
    float English;
    float C_Programing;
};
int main(void)
{
```

```
struct student a[4]={
                        {"Wang dong",98.0,87.0,77.0},
                        {"Qian min",90.5,91.0,88.0},
                        {"Sun qi",74.0,77.5,66.5},
                        {"Li xin",84.5,64.5,55.0}
                    };
struct student b;
float t[4];                         // 保存各名学生的总成绩
int i,j;
for (i=0;i<4;i++)
{
    t[i]=a[i].Math+a[i].English+a[i].C_Programing;   / 将统计值赋给数组 t
    if (t[i]<240)
        printf("%s\n",a[i].name);
}
float temp;
for(j=0;j<3;j++)                    // 冒泡排序,根据总成绩降序排序
{
    for(i=0;i<3-j;i++)
    if(t[i+1]>t[i])
    {
        b=a[i];                     // 必须保证两个完全相同的结构体才可以整体赋值
        a[i]=a[i+1];
        a[i+1]=b;
        temp=t[i];t[i]=t[i+1];t[i+1]=temp;
    }
}
for(i=3;i>=0;i--)
    printf("%s\n",a[i].name);       // 按个人总分从小到大输出姓名,每行一个姓名
return 0;
}
```

第 11 章　文件

一、单选题
1. 答案:D
解析:无解析
2. 答案:C

解析：无解析

3. **答案**：C

解析：无解析

4. **答案**：A

解析：fopen("filename", "r") 用于以只读模式打开一个文件，其中 "r" 代表读取。

5. **答案**：B

解析：无解析

6. **答案**：A

解析：在 C 语言中，为了以二进制模式打开一个文件并允许读写操作，需要在模式字符串中包含 "b" 以指定二进制模式，并使用 "+" 以允许读写。所以正确的组合是 "rb+"。

二、编程题

1. 示例代码：

```c
#include <stdio.h>
int main() {
    FILE *file;                               //定义文件流指针
    char line[256];
    file = fopen("data.txt", "r");            //以只读方式,打开文件
    if (file == NULL) {
        printf("Failed to open file!\n");
        return 1;
    }
    while (fgets(line, sizeof(line), file)) {  //按行读取文件中的数据
        printf("%s", line);
    }
    fclose(file);                             //关闭文件
    return 0;
}
```

2. 示例代码：

```c
#include <stdio.h>
#include <string.h>
int main(void)
{
    int k = 0;
    FILE* fp = fopen("test.txt","w");         //定义文件流,并打开文件
    if(fp == NULL)
    {
        printf("can't open file!\n");
```

```
        return 0;
    }
    char str[1001];
    char ch;
    ch = getchar();
    while(ch != '!'){
        if(ch >= 'a' && ch <= 'z')
            ch -= 32;
        fputc(ch,fp);                          // 向文件中写入字符
        str[k++] = ch;
        ch = getchar();
    }
    fclose(fp);                                // 关闭文件
    fp = fopen("test.txt","r");
    fgets(str,strlen(str)+1,fp);
    printf("%s",str);
    return 0;
}
```

3. 示例代码:

```
#include <stdio.h>
#include <stdlib.h>
int main(void) {
    char filename[100];
    FILE *file;
    char ch;
    // 提示用户输入文件名
    printf("Enter a filename: ");
    scanf("%99s", filename);                   // 限制输入长度以防止缓冲区溢出
    // 尝试打开文件
    file = fopen(filename, "r");
    if (file == NULL) {
        // 如果文件无法打开,输出错误消息
        perror("Error opening file");
        return 1;                              // 返回非零值表示程序异常退出
    }
    // 如果文件成功打开,读取并打印内容
    printf("Contents of %s:\n", filename);
    while ((ch = fgetc(file)) != EOF) {
```

```
        putchar(ch);
    }
    // 关闭文件
    fclose(file);
    return 0;                                    // 返回零表示程序正常退出
}
```

解析:filename 数组用于存储用户输入的文件名。file 是一个指向 FILE 类型的指针,用于与文件交互。ch 用于存储从文件中读取的单个字符。scanf 函数用于从标准输入读取文件名,%99s 限制了输入的最大长度为 99 个字符,以防止缓冲区溢出。

fopen 函数尝试以读取模式("r")打开文件,并返回一个 FILE 指针。如果文件无法打开,它返回 NULL。perror 函数用于打印与全局变量 errno 相关的错误消息,errno 在 fopen 失败时被设置。fgetc 函数用于从文件中读取一个字符,直到遇到文件末尾(EOF)。putchar 函数用于将读取的字符打印到屏幕上。fclose 函数用于关闭文件。

Ambiguous operators need parentheses：不明确的运算需要用括号括起

Ambiguous symbol 'xxx'：不明确的符号

Argument list syntax error：参数表语法错误

Array bounds missing：丢失数组界限符

Array size toolarge：数组尺寸太大

Bad character in paramenters：参数中有不适当的字符

Bad file name format in include directive：包含命令中文件名格式不正确

Bad ifdef directive synatax：编译预处理 ifdef 有语法错

Bad undef directive syntax：编译预处理 undef 有语法错

Bit field too large：位字段太长

Call of non-function：调用未定义的函数

Call to function with no prototype：调用函数时没有函数的说明

Cannot modify a const object：不允许修改常量对象

Case outside of switch：漏掉了 case 语句

Case syntax error：Case 语法错误

Code has no effect：代码无效，不可能执行到

Compound statement missing{：分程序漏掉 {

Conflicting type modifiers：不明确的类型说明符

Constant expression required：要求常量表达式

Constant out of range in comparison：在比较中常量超出范围

Conversion may lose significant digits：转换时会丢失意义的数字

Conversion of near pointer not allowed：不允许转换近指针

Could not find file 'xxx'：找不到 XXX 文件

Declaration missing ;：说明缺少 ";"

Declaration syntax error：说明中出现语法错误

Default outside of switch Default：出现在 switch 语句之外

Define directive needs an identifier：定义编译预处理需要标识符

Division by zero：用零作除数

Do statement must have while Do-while：语句中缺少 while 部分

Enum syntax error：枚举类型语法错误

Enumeration constant syntax error：枚举常数语法错误

Error directive：xxx：错误的编译预处理命令

Error writing output file：写输出文件错误

Expression syntax error：表达式语法错误

Extra parameter in call：调用时出现多余错误

File name too long：文件名太长

Function call missing)：函数调用缺少右括号

Fuction definition out of place：函数定义位置错误

Fuction should return a value：函数必需返回一个值

Goto statement missing label Goto：语句没有标号

Hexadecimal or octal constant too large：十六进制或八进制常数太大

Illegal character 'x'：非法字符 x

Illegal initialization：非法的初始化

Illegal octal digit：非法的八进制数字

Illegal pointer subtraction：非法的指针相减

Illegal structure operation：非法的结构体操作

Illegal use of floating point：非法的浮点运算

Illegal use of pointer：指针使用非法

Improper use of a typedefsymbol：类型定义符号使用不恰当

In-line assembly not allowed：不允许使用行间汇编

Incompatible storage class：存储类别不相容

Incompatible type conversion：不相容的类型转换

Incorrect number format：错误的数据格式

Incorrect use of default Default：使用不当

Invalid indirection：无效的间接运算

Invalid pointer addition：指针相加无效

Irreducible expression tree：无法执行的表达式运算

Lvalue required：需要逻辑值 0 或非 0 值

Macro argument syntax error：宏参数语法错误

Macro expansion too long：宏的扩展以后太长

Mismatched number of parameters in definition：定义中参数个数不匹配

Misplaced break：此处不应出现 break 语句

Misplaced continue：此处不应出现 continue 语句

Misplaced decimal point：此处不应出现小数点

Misplaced elif directive：不应编译预处理

elif Misplaced else：此处不应出现 else

Misplaced else directive：此处不应出现编译预处理 else

Misplaced endif directive：此处不应出现编译预处理 endif

Must be addressable：必须是可以编址的

Must take address of memory location：必须存储定位的地址

No declaration for function 'xxx'：没有函数 xxx 的说明 No stack 缺少堆栈

No type information：没有类型信息

Non-portable pointer assignment：不可移动的指针（地址常数）赋值

Non-portable pointer comparison：不可移动的指针（地址常数）比较

Non-portable pointer conversion：不可移动的指针（地址常数）转换

Not a valid expression format type：不合法的表达式格式

Not an allowed type：不允许使用的类型

Numeric constant too large：数值常量太大

Out of memory：内存不够用

Parameter 'xxx' is never used：参数 xxx 没有用到

Pointer required on left side of ->：符号 -> 的左边必须是指针

Possible use of 'xxx' before definition：在定义之前就使用了 xxx（警告）

Possibly incorrect assignment：赋值可能不正确

Redeclaration of 'xxx'：重复定义了 xxx

Redefinition of 'xxx' is not identical:xxx 的两次定义不一致

Register allocation failure：寄存器定址失败

Repeat count needs an lvalue：重复计数需要逻辑值

Size of structure or array not known：结构体或数给大小不确定

Statement missing ;：语句后缺少 ;

Structure or union syntax error：结构体或联合体语法错误

Structure size too large：结构体尺寸太大

Sub scripting missing]：下标缺少右方括号

Superfluous & with function or array：函数或数组中有多余的 &

Suspicious pointer conversion：可疑的指针转换

Symbol limit exceeded：符号超限

Too few parameters in call：函数调用时的实参少于函数的参数

Too many default cases Default:case 太多 (switch 语句仅一个,通常为 switch 后少 {})

Too many error or warning messages：错误或警告信息太多

Too many type in declaration：说明中类型太多

Too much auto memory in function：函数用到的局部存储太多

Too much global data defined in file：文件中全局数据太多

Two consecutive dots：两个连续的句点

Type mismatch in parameter xxx：参数 xxx 类型不匹配

Type mismatch in redeclaration of 'xxx':xxx 重定义的类型不匹配

Unable to create output file 'xxx'：无法建立输出文件 xxx

Unable to open include file 'xxx'：无法打开被包含的文件 xxx

Unable to open input file 'xxx'：无法打开输入文件 xxx

Undefined label 'xxx'：没有定义的标号 xxx

Undefined structure 'xxx'：没有定义的结构 xx

Undefined symbol 'xxx'：没有定义的符号 xxx

Unexpected end of file in comment started on line xxx：从 xxx 行开始的注解尚未结束文件

不能结束

Unexpected end of file in conditional started on line xxx：从 xxx 开始的条件语句尚未结束文件不能结束

Unknown assemble instruction：未知的汇编结构

Unknown option：未知的操作

Unknown preprocessor directive：'xxx'：不认识的预处理命令 xxx

Unreachable code：无路可达的代码

Unterminated string or character constant：字符串缺少引号

User break：用户强行中断了程序

Void functions may not return a value：Void 类型的函数不应有返回值

Wrong number of arguments：调用函数的参数数目错

'xxx' not an argument：xxx：不是参数

'xxx' not part of structure xxx：不是结构体的一部分

xxx statement missing (xxx：语句缺少左括号

xxx statement missing) xxx：语句缺少右括号

xxx statement missing ; xxx：缺少分号

xxx' declared but never used：说明了 xxx 但没有使用

xxx' is assigned a value which is never used：给 xxx 赋了值但未用过

参 考 文 献

[1] 葛方振,洪留荣. C 语言程序设计基础 [M]. 北京:中国铁道出版社,2022.

[2] 曹文,董永建,吴涛. 信息学奥赛一本通·初赛篇 [M]. 南京:南京大学出版社,2022.

[3] 陈琳. C 语言学习辅导与上机实习 [M]. 3 版.北京:高等教育出版社,2012.